小学 2 年生

計算

ぐーーんと強くなる

学習指導要領対応

も く じ

2

◆2けたの たしざんの ひっさん
2けた＋1けた （くり上がりなし）

れい

$$\begin{array}{r} 1\,6 \\ +\ \ 3 \\ \hline 1\,9 \end{array}$$

十のくらい	一のくらい
+	

このような けいさんを
「ひっさん」と いうよ。
一のくらいから
けいさんしよう。

1 つぎの けいさんを しましょう。　　　〔1もん 8てん〕

① $\begin{array}{r} 3\,2 \\ +\ \ 6 \\ \hline \end{array}$　
② $\begin{array}{r} 2\,4 \\ +\ \ 3 \\ \hline \end{array}$　
③ $\begin{array}{r} 7\,1 \\ +\ \ 5 \\ \hline \end{array}$　
④ $\begin{array}{r} 4\,0 \\ +\ \ 8 \\ \hline \end{array}$

⑤ $\begin{array}{r} 7 \\ +5\,1 \\ \hline \end{array}$　
⑥ $\begin{array}{r} 6 \\ +4\,3 \\ \hline \end{array}$　
⑦ $\begin{array}{r} 2 \\ +3\,5 \\ \hline \end{array}$　
⑧ $\begin{array}{r} 9 \\ +8\,0 \\ \hline \end{array}$

2 つぎの けいさんを ひっさんで しましょう。〔1もん 9てん〕

① 52＋4　　　② 4＋63　　　③ 8＋20

3 1くみの 人ずうは 16人です。2くみは 1くみより
3人 おおいそうです。2くみは なん人ですか。　　〔9てん〕

しき

こたえ （　　　　　　　）

2 ◆2けたの たしざんの ひっさん
2けた＋2けた （くり上がりなし）

れい

```
  2 6        4 5
+ 1 2      + 2 0
─────      ─────
  3 8        6 5
```

くらいを そろえて かき, 一のくらいから けいさんしよう。

1 つぎの けいさんを しましょう。　　〔1もん 8てん〕

① 　3 4
　+1 5

② 　2 3
　+4 2

③ 　7 6
　+2 1

④ 　2 8
　+3 0

⑤ 　5 1
　+2 3

⑥ 　4 0
　+3 6

⑦ 　3 0
　+5 0

⑧ 　6 4
　+2 4

2 つぎの けいさんを ひっさんで しましょう。〔1もん 9てん〕

① 12＋74　　　② 43＋23　　　③ 38＋20

3 青い いろがみが 24まい, 赤い いろがみが 12まい あります。いろがみは あわせて なんまい ありますか。

〔9てん〕

しき

こたえ （　　　　　　　　）

3 2けた＋1けた （十のくらいへ くり上がる①）

れい

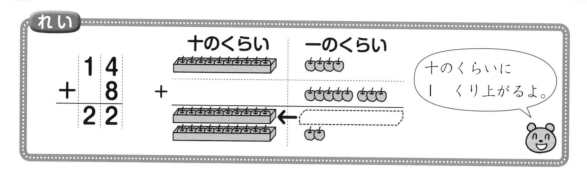

$$\begin{array}{r} 1\ 4 \\ +\quad 8 \\ \hline 2\ 2 \end{array}$$

十のくらい　一のくらい

十のくらいに 1 くり上がるよ。

1 つぎの けいさんを しましょう。　〔1もん 8てん〕

①
$$\begin{array}{r} 3\ 6 \\ +\quad 7 \\ \hline \end{array}$$

②
$$\begin{array}{r} 6\ 9 \\ +\quad 5 \\ \hline \end{array}$$

③
$$\begin{array}{r} 7 \\ +4\ 5 \\ \hline \end{array}$$

④
$$\begin{array}{r} 6 \\ +1\ 8 \\ \hline \end{array}$$

⑤
$$\begin{array}{r} 2\ 3 \\ +\quad 9 \\ \hline \end{array}$$

⑥
$$\begin{array}{r} 5\ 7 \\ +\quad 4 \\ \hline \end{array}$$

⑦
$$\begin{array}{r} 8 \\ +3\ 4 \\ \hline \end{array}$$

⑧
$$\begin{array}{r} 2 \\ +8\ 9 \\ \hline \end{array}$$

2 つぎの けいさんを ひっさんで しましょう。〔1もん 9てん〕

①　27＋8　　②　9＋74　　③　6＋85

3 バスに おきゃくが 18人 のって います。ていりゅうじょで 6人 のって きました。おきゃくは なん人に なりましたか。　〔9てん〕

しき

こたえ（　　　　　　）

4 2けた＋1けた （十のくらいへ くり上がる②）

れい

$$\begin{array}{r} 2\,6 \\ +\ \ 4 \\ \hline 3\,0 \end{array}$$

$$\begin{array}{r} 7 \\ +3\,3 \\ \hline 4\,0 \end{array}$$

十のくらいに
1　くり上がるよ。

1 つぎの　けいさんを　しましょう。　〔1もん　8てん〕

① $\begin{array}{r} 4\,8 \\ +\ \ 2 \\ \hline \end{array}$

② $\begin{array}{r} 3 \\ +5\,7 \\ \hline \end{array}$

③ $\begin{array}{r} 3\,1 \\ +\ \ 9 \\ \hline \end{array}$

④ $\begin{array}{r} 5 \\ +7\,5 \\ \hline \end{array}$

⑤ $\begin{array}{r} 8\,4 \\ +\ \ 6 \\ \hline \end{array}$

⑥ $\begin{array}{r} 6\,5 \\ +\ \ 5 \\ \hline \end{array}$

⑦ $\begin{array}{r} 8 \\ +2\,2 \\ \hline \end{array}$

⑧ $\begin{array}{r} 6 \\ +6\,4 \\ \hline \end{array}$

2 つぎの　けいさんを　ひっさんで　しましょう。　〔1もん　9てん〕

① 34＋6　　② 8＋52　　③ 41＋9

3 赤い　いろがみが　57まい　あります。青い　いろがみは　赤い　いろがみより　3まい　おおいそうです。青い　いろがみは　なんまい　ありますか。

〔9てん〕

しき

こたえ（　　　　　　　）

◆2けたの たしざんの ひっさん

2けた＋2けた（十のくらいへ くり上がる①）

れい

```
  1 4
+ 1 8
─────
  3 2
```

十のくらいに
1 くり上がるよ。

1 つぎの けいさんを しましょう。　　　〔1もん 8てん〕

① 　2 6
　 ＋3 5

② 　4 4
　 ＋2 8

③ 　1 7
　 ＋4 6

④ 　2 9
　 ＋5 3

⑤ 　1 5
　 ＋2 9

⑥ 　3 6
　 ＋1 6

⑦ 　7 8
　 ＋1 5

⑧ 　3 7
　 ＋3 9

2 つぎの けいさんを ひっさんで しましょう。〔1もん 9てん〕

① 38＋26

② 62＋19

③ 24＋47

3 かのんさんは 本を，きのうまでに 48ページ よみました。
きょうは 24ページ よみました。ぜんぶで なんページ
よみましたか。

〔9てん〕

しき

こたえ（　　　　　　　）

6 2けた＋2けた （十のくらいへ くり上がる②）

れい

$$\begin{array}{r} 1\,6 \\ +\,2\,4 \\ \hline 4\,0 \end{array}$$

十のくらいに
1 くり上がるよ。

1 つぎの けいさんを しましょう。　〔1もん 8てん〕

① $\begin{array}{r} 2\,8 \\ +\,4\,2 \\ \hline \end{array}$　② $\begin{array}{r} 6\,5 \\ +\,1\,5 \\ \hline \end{array}$　③ $\begin{array}{r} 3\,1 \\ +\,2\,9 \\ \hline \end{array}$　④ $\begin{array}{r} 1\,3 \\ +\,3\,7 \\ \hline \end{array}$

⑤ $\begin{array}{r} 7\,4 \\ +\,1\,6 \\ \hline \end{array}$　⑥ $\begin{array}{r} 4\,2 \\ +\,3\,8 \\ \hline \end{array}$　⑦ $\begin{array}{r} 1\,5 \\ +\,4\,5 \\ \hline \end{array}$　⑧ $\begin{array}{r} 4\,9 \\ +\,2\,1 \\ \hline \end{array}$

2 つぎの けいさんを ひっさんで しましょう。　〔1もん 9てん〕

① 26＋54　　② 42＋18　　③ 21＋29

3 りくさんは， きのう いちごを 34こ つみました。きょう
また， 46こ つみました。あわせて なんこ つみましたか。

〔9てん〕

しき

こたえ（　　　　　　　）

7 ◆2けたの たしざんの ひっさん
まとめの れんしゅう

とくてん

てん

1 つぎの けいさんを しましょう。　　〔1もん 3てん〕

① 　4 3
　＋　5

② 　2 0
　＋　9

③ 　　6
　＋3 1

④ 　　8
　＋5 4

⑤ 　3 6
　＋　5

⑥ 　　9
　＋2 7

⑦ 　7 6
　＋　4

⑧ 　　8
　＋3 2

2 つぎの けいさんを しましょう。　　〔1もん 3てん〕

① 　5 4
　＋2 3

② 　3 4
　＋2 0

③ 　4 0
　＋3 0

④ 　6 3
　＋2 8

⑤ 　3 3
　＋4 7

⑥ 　6 2
　＋2 9

⑦ 　4 5
　＋3 3

⑧ 　3 5
　＋1 5

3 つぎの けいさんを ひっさんで しましょう。〔1もん 3てん〕

① 　6 ＋17

② 　47＋ 3

③ 　87＋11

④ 　38＋25

4 つぎの けいさんを しましょう。　　　　〔1もん　3てん〕

①　　68
　　+21

②　　　4
　　+36

③　　43
　　+20

④　　89
　　+　6

⑤　　27
　　+64

⑥　　72
　　+　8

⑦　　　5
　　+70

⑧　　43
　　+17

⑨　　　6
　　+46

⑩　　40
　　+10

⑪　　　3
　　+42

⑫　　18
　　+39

5　こうえんに　おとなと子どもが　います。おとなは　24人で，子どもは　おとなより　8人　おおいそうです。子どもは　なん人ですか。

〔4てん〕

しき

こたえ（　　　　　　　）

8 2けた－1けた （くり下がりなし）

れい

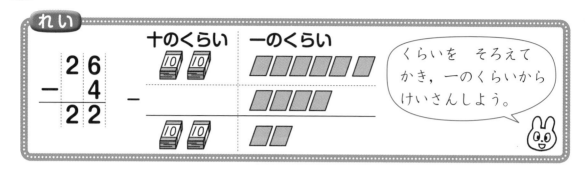

1　つぎの　けいさんを　しましょう。　　　〔1もん　8てん〕

① 　5 7
　－　 3

② 　3 4
　－　 1

③ 　4 2
　－　 2

④ 　7 9
　－　 7

⑤ 　3 5
　－　 5

⑥ 　9 7
　－　 6

⑦ 　6 6
　－　 4

⑧ 　4 8
　－　 2

2　つぎの　けいさんを　ひっさんで　しましょう。〔1もん　9てん〕

①　49－7

②　26－5

③　64－4

3　1くみは　17人です。2くみは　1くみより　4人　すくない
そうです。2くみは　なん人ですか。　　　　　　〔9てん〕

（しき）

（こたえ）（　　　　　　　　　）

9 2けたー2けた（くり下がりなし）

れい

```
  36          33
- 14        - 20
  22          13
```

一のくらいから
けいさんするのね。

1 つぎの　けいさんを　しましょう。　〔1もん　8てん〕

① 65
　 −24

② 89
　 −54

③ 70
　 −40

④ 58
　 −52

⑤ 63
　 −60

⑥ 47
　 −24

⑦ 95
　 −75

⑧ 90
　 −30

2 つぎの けいさんを ひっさんで しましょう。〔1もん　9てん〕

① 98−70

② 86−24

③ 63−43

3 ノートが　45さつ　あります。子どもは　32人　います。
1人に　ノートを　1さつずつ　くばります。ノートは　なん
さつ　のこりますか。　　〔9てん〕

しき

こたえ (　　　　　　　　　)

10 2けた−1けた <small>(くり下がる)</small>

れい

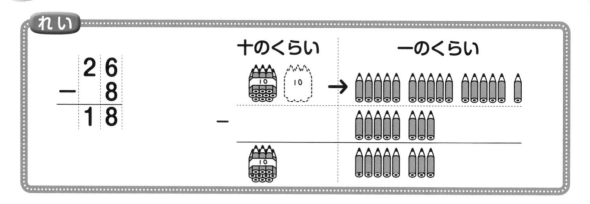

1 つぎの けいさんを しましょう。　〔1もん 8てん〕

① 　3 4
　− 　 9

② 　8 1
　− 　 4

③ 　4 5
　− 　 7

④ 　6 2
　− 　 6

⑤ 　9 3
　− 　 6

⑥ 　2 4
　− 　 5

⑦ 　7 6
　− 　 9

⑧ 　4 3
　− 　 8

2 つぎの けいさんを ひっさんで しましょう。〔1もん 9てん〕

①　44−8

②　67−9

③　82−5

3 子どもが 24人 ボールで あそんで いました。そのう
ち 5人が かえりました。のこりは なん人ですか。〔9てん〕

しき

こたえ（　　　　　　　）

11 なん十 − 1けた

れい

$$\begin{array}{r} 3\,0 \\ -\ \ \ 6 \\ \hline 2\,4 \end{array}$$

十のくらいから
1　くり下げて
けいさんするよ。

1 つぎの　けいさんを　しましょう。　〔1もん　8てん〕

① $\begin{array}{r} 5\,0 \\ -\ \ \ 7 \\ \hline \end{array}$　② $\begin{array}{r} 9\,0 \\ -\ \ \ 4 \\ \hline \end{array}$　③ $\begin{array}{r} 4\,0 \\ -\ \ \ 5 \\ \hline \end{array}$　④ $\begin{array}{r} 6\,0 \\ -\ \ \ 2 \\ \hline \end{array}$

⑤ $\begin{array}{r} 8\,0 \\ -\ \ \ 3 \\ \hline \end{array}$　⑥ $\begin{array}{r} 6\,0 \\ -\ \ \ 6 \\ \hline \end{array}$　⑦ $\begin{array}{r} 9\,0 \\ -\ \ \ 8 \\ \hline \end{array}$　⑧ $\begin{array}{r} 5\,0 \\ -\ \ \ 4 \\ \hline \end{array}$

2 つぎの　けいさんを　ひっさんで　しましょう。〔1もん　9てん〕

①　$40-3$　　②　$70-8$　　③　$50-9$

3 おりがみが　30まい　ありました。そのうち　2まい　つか
いました。おりがみは　なんまい　のこって　いますか。〔9てん〕

しき

こたえ (　　　　　　　)

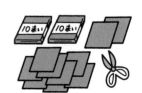

12 ◆2けたの ひきざんの ひっさん
2けた−2けた (くり下がる①)

れい

$$\begin{array}{r} 3\ 5 \\ -1\ 7 \\ \hline 1\ 8 \end{array}$$

$$\begin{array}{r} 5\ 0 \\ -2\ 6 \\ \hline 2\ 4 \end{array}$$

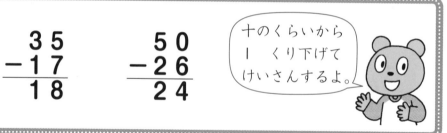

十のくらいから
1 くり下げて
けいさんするよ。

1 つぎの けいさんを しましょう。　〔1もん 8てん〕

① $\begin{array}{r} 4\ 1 \\ -1\ 6 \\ \hline \end{array}$
② $\begin{array}{r} 6\ 3 \\ -3\ 8 \\ \hline \end{array}$
③ $\begin{array}{r} 8\ 7 \\ -5\ 9 \\ \hline \end{array}$
④ $\begin{array}{r} 8\ 0 \\ -3\ 2 \\ \hline \end{array}$

⑤ $\begin{array}{r} 5\ 2 \\ -1\ 7 \\ \hline \end{array}$
⑥ $\begin{array}{r} 9\ 4 \\ -3\ 6 \\ \hline \end{array}$
⑦ $\begin{array}{r} 7\ 0 \\ -4\ 3 \\ \hline \end{array}$
⑧ $\begin{array}{r} 4\ 5 \\ -2\ 8 \\ \hline \end{array}$

2 つぎの けいさんを ひっさんで しましょう。〔1もん 9てん〕

① 62−33　　② 50−24　　③ 91−58

3 あおいさんは, いろがみを 45まい もって います。い
もうとに 18まい あげると, なんまい のこりますか。

〔9てん〕

しき

こたえ (　　　　　　　)

13

◆2けたの ひきざんの ひっさん

2けたー2けた （くり下がる②）

れい

$$\begin{array}{r} 4\ 5 \\ -3\ 9 \\ \hline 6 \end{array}$$

$$\begin{array}{r} 6\ 0 \\ -5\ 4 \\ \hline 6 \end{array}$$

十のくらいから
１ くり下げて
けいさんするよ。

1 つぎの けいさんを しましょう。　〔1もん 8てん〕

① $\begin{array}{r} 6\ 3 \\ -5\ 8 \\ \hline \end{array}$

② $\begin{array}{r} 3\ 2 \\ -2\ 3 \\ \hline \end{array}$

③ $\begin{array}{r} 5\ 0 \\ -4\ 3 \\ \hline \end{array}$

④ $\begin{array}{r} 8\ 0 \\ -7\ 5 \\ \hline \end{array}$

⑤ $\begin{array}{r} 7\ 2 \\ -6\ 4 \\ \hline \end{array}$

⑥ $\begin{array}{r} 4\ 0 \\ -3\ 8 \\ \hline \end{array}$

⑦ $\begin{array}{r} 9\ 5 \\ -8\ 7 \\ \hline \end{array}$

⑧ $\begin{array}{r} 5\ 4 \\ -4\ 9 \\ \hline \end{array}$

2 つぎの けいさんを ひっさんで しましょう。〔1もん 9てん〕

① 44－39

② 60－51

③ 83－75

3 バスに 36人 のって いました。なん人か おりたので，27人に なりました。おりた 人は なん人ですか。〔9てん〕

しき

こたえ （　　　　　　）

◆ひきざん◆　17

14 まとめの　れんしゅう

1 つぎの　けいさんを　しましょう。　〔1もん　3てん〕

① 　4 8
　－　　6

② 　2 7
　－　　9

③ 　6 4
　－　　4

④ 　3 6
　－　　7

⑤ 　6 0
　－　　8

⑥ 　5 2
　－　　6

⑦ 　8 9
　－　　5

⑧ 　9 0
　－　　4

2 つぎの　けいさんを　しましょう。　〔1もん　3てん〕

① 　4 7
　－3 5

② 　7 2
　－1 8

③ 　6 0
　－4 3

④ 　5 4
　－4 6

⑤ 　8 4
　－5 4

⑥ 　4 0
　－3 7

⑦ 　5 5
　－2 0

⑧ 　7 6
　－4 9

3 つぎの　けいさんを　ひっさんで　しましょう。〔1もん　3てん〕

① 　35－9

② 　64－47

③ 　50－32

④ 　43－35

4 つぎの けいさんを しましょう。　〔1もん　3てん〕

①
```
  8 2
－4 5
```

②
```
  6 8
－  9
```

③
```
  3 6
－2 5
```

④
```
  9 3
－5 8
```

⑤
```
  7 0
－2 1
```

⑥
```
  5 4
－3 4
```

⑦
```
  4 7
－  8
```

⑧
```
  4 2
－3 3
```

⑨
```
  3 3
－1 6
```

⑩
```
  7 5
－  7
```

⑪
```
  5 0
－4 1
```

⑫
```
  6 1
－1 6
```

5 おはじきを いろはさんは 35こ，ひかりさんは 44こ もって います。どちらが なんこ おおく もって いますか。　〔4てん〕

しき

こたえ（　　　　　　　　　　）

15 たしざんと　ひきざんの　まとめ

1 つぎの　けいさんを　しましょう。　　　〔1もん　3てん〕

① 　36
　+23

② 　54
　+ 6

③ 　25
　+48

④ 　　9
　+72

⑤ 　45
　+41

⑥ 　80
　+10

⑦ 　47
　+13

⑧ 　　3
　+50

2 つぎの　けいさんを　しましょう。　　　〔1もん　3てん〕

① 　64
　−59

② 　32
　− 4

③ 　51
　−23

④ 　80
　−17

⑤ 　98
　− 6

⑥ 　45
　−34

⑦ 　73
　−50

⑧ 　62
　−35

3 つぎの　けいさんを　ひっさんで　しましょう。〔1もん　3てん〕

① 　12＋42

② 　35＋58

③ 　54−8

④ 　84−46

4 つぎの けいさんを しましょう。　　　〔1もん　3てん〕

① 　41
　−25

② 　26
　＋34

③ 　　4
　＋69

④ 　58
　−　9

⑤ 　64
　＋11

⑥ 　77
　−68

⑦ 　49
　＋30

⑧ 　32
　−16

⑨ 　95
　−48

⑩ 　26
　＋　2

⑪ 　　2
　＋78

⑫ 　52
　−　7

5 バスに　25人　のって　いました。なん人か　おりたので
17人に　なりました。おりた　人は　なん人ですか。〔4てん〕

しき

こたえ　(　　　　　　　　　　)

16 ◆たしざんと　ひきざん

たしざんの　たしかめ

れい

	たされるかず…	35	27
	たすかず………	$+27$	$+35$
	こたえ…………	62	62

たしざんでは，たされるかずと
たすかずを　入れかえても，
こたえは　おなじだよ。この
きまりを　つかって　こたえの
たしかめを　しよう。

---

1 けいさんを　して，こたえの　たしかめも　しましょう。

〔1もん　15てん〕

①
$$51$$
$$+23$$

たしかめ

②
$$28$$
$$+36$$
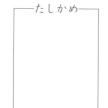
たしかめ

③
$$40$$
$$+19$$
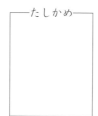
たしかめ

④
$$39$$
$$+22$$

たしかめ

---

2 けいさんを　して，こたえの　たしかめも　しましょう。

〔1もん　10てん〕

①
$$2$$
$$+37$$

たしかめ

②
$$44$$
$$+6$$
たしかめ

③
$$7$$
$$+65$$

たしかめ

④
$$59$$
$$+8$$

たしかめ

◆たしざんと ひきざん

ひきざんの たしかめ

れい

ひかれるかず…	4 2	2 9
ひくかず………	− 1 3	＋ 1 3
こたえ………	2 9	4 2

ひきざんの こたえに
ひくかずを たすと,
ひかれるかずに なるよ。

1 けいさんを して, こたえの たしかめも しましょう。

〔1もん 15てん〕

①
```
   4 8
 − 2 1
```
たしかめ

②
```
   6 5
 − 3 0
```
たしかめ

③
```
   7 4
 − 1 9
```
たしかめ

④
```
   8 0
 − 2 2
```
たしかめ

2 けいさんを して, こたえの たしかめも しましょう。

〔1もん 10てん〕

①
```
   5 3
 −   8
```
たしかめ

②
```
   2 9
 −   6
```
たしかめ

③
```
   8 0
 −   4
```
たしかめ

④
```
   7 2
 −   9
```
たしかめ

18 ◆たしざんと ひきざん
たしざんの きまり

れい

$15+(7+3)=25$

（ ）は 先に けいさん
する しるしだよ。

たしざんでは,
たす じゅんばんを
入れかえても こた
えは おなじだよ。

1 つぎの けいさんを して, 左と 右の こたえを くらべ
ましょう。　　　　　　　　　　　　　　　　　〔1もん 4てん〕

① 18＋4＋6　　　　　② 18＋(4＋6)

③ 24＋17＋3　　　　　④ 24＋(17＋3)

⑤ 13＋19＋21　　　　　⑥ 13＋(19＋21)

2 （ ）の 中を 先に けいさんして, こたえを もとめま
しょう。　　　　　　　　　　　　　　　　　〔1もん 4てん〕

① 17＋(8＋2)　　　　　② 15＋(4＋1)

③ 39＋(6＋4)　　　　　④ (13＋7)＋64

⑤ (19＋11)＋25　　　　⑥ 18＋(25＋25)

3️⃣ じゅんじょを くふうして けいさんしましょう。

〔1もん 4てん〕

① 28＋6＋4　　　② 13＋39＋7

③ 18＋57＋12　　④ 46＋15＋25

⑤ 11＋19＋24　　⑥ 23＋27＋26

4️⃣ つぎの けいさんを しましょう。　〔1もん 4てん〕

① 13＋(7＋3)　　② 5＋15＋34

③ (24＋26)＋8　　④ 12＋27＋38

⑤ 36＋27＋23　　⑥ 28＋(18＋22)

5️⃣ こうえんで, 子ども 17人と おとな 6人が あそんで いました。そこへ 子どもが 4人 きました。ぜんぶで なん人に なりましたか。

〔4てん〕

しき

こたえ (　　　　　　)

まとめの　れんしゅう

1 けいさんを　して，こたえの　たしかめも　しましょう。

〔1もん　3てん〕

① 　２３
　　＋　４

たしかめ

② 　７３
　　＋１９

たしかめ

2 けいさんを　して，こたえの　たしかめも　しましょう。

〔1もん　3てん〕

① 　４６
　　－１３

たしかめ

② 　８０
　　－　７

たしかめ

3 （　）の　中を　先に　けいさんして，こたえを　もとめましょう。

〔1もん　3てん〕

① 　37＋（6＋4）

② 　58＋（17＋3）

③ 　（15＋5）＋26

④ 　（3＋27）＋45

4 じゅんじょを　くふうして　けいさんしましょう。

〔1もん　4てん〕

① 　14＋28＋16

② 　21＋29＋4

③ 　32＋8＋17

④ 　5＋38＋15

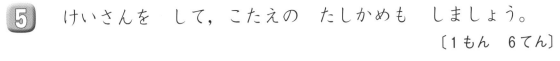

5　けいさんを　して、こたえの　たしかめも　しましょう。

〔1もん　6てん〕

① 　 55
　　＋12
〔たしかめ〕

② 　 32
　　－16
〔たしかめ〕

③ 　 49
　　－ 3
〔たしかめ〕

④ 　 62
　　＋ 8
〔たしかめ〕

6　つぎの　けいさんを　しましょう。　〔1もん　5てん〕

①　24＋26＋3

②　36＋8＋2

③　(37＋13)＋9

④　18＋(16＋4)

⑤　25＋(28＋12)

⑥　15＋61＋15

7　バスに　26人　のって　いました。ていりゅうじょで　8人　のって　きました。つぎの　ていりゅうじょで　2人（ふたり）　のって　きました。バスには　なん人　のって　いますか。　〔6てん〕

しき

こたえ（　　　　　　　）

20 2けた＋2けた （百のくらいへ くり上がる①）

れい

```
  8 5
＋3 1
─────
1 1 6
```

```
  8 0
＋6 3
─────
1 4 3
```

百のくらいに
１ くり上がるよ。

1 つぎの けいさんを しましょう。　　〔1もん 8てん〕

```
①   7 3
  ＋4 2
```

```
②   5 0
  ＋8 6
```

```
③   9 1
  ＋6 5
```

```
④   8 0
  ＋4 0
```

```
⑤   6 5
  ＋7 0
```

```
⑥   3 6
  ＋9 2
```

```
⑦   9 0
  ＋8 0
```

```
⑧   6 5
  ＋5 4
```

2 つぎの けいさんを ひっさんで しましょう。〔1もん 9てん〕

①　52＋86　　　②　97＋40　　　③　35＋82

3 50円の えんぴつと 75円の ノートを かいます。なん
円 はらえば よいでしょうか。　　　　　　　　　　〔9てん〕

しき

こたえ (　　　　　　　　　)

21 2けた＋2けた （百のくらいへ くり上がる②）

れい

$$\begin{array}{r} 8\ 5 \\ +\ 2\ 1 \\ \hline 1\ 0\ 6 \end{array}$$

百のくらいに
1　くり上がるよ。

1 つぎの　けいさんを　しましょう。　　〔1もん　8てん〕

① 　 6 3
 ＋4 2

② 　 1 4
 ＋9 4

③ 　 7 3
 ＋3 0

④ 　 5 0
 ＋5 7

⑤ 　 2 6
 ＋8 3

⑥ 　 4 0
 ＋6 0

⑦ 　 9 2
 ＋1 5

⑧ 　 3 2
 ＋7 4

2 つぎの　けいさんを　ひっさんで　しましょう。　〔1もん　9てん〕

① 　45＋61　　　② 　80＋27　　　③ 　12＋93

3 　そうまさんは　本を　きのうまでに　78ページ　よみました。
きょうは　30ページ　よみました。ぜんぶで　なんページ
よみましたか。　　　　　　　　　　〔9てん〕

しき

こたえ (　　　　　　　)

22 2けた＋2けた（2かい くり上がる①）

れい

$$\begin{array}{r} 5\,8 \\ +\,6\,3 \\ \hline 1\,2\,1 \end{array}$$

$$\begin{array}{r} 6\,4 \\ +\,7\,6 \\ \hline 1\,4\,0 \end{array}$$

十のくらいと 百のくらいに くり上がるよ。

1 つぎの けいさんを しましょう。　〔1もん 3てん〕

①
$$\begin{array}{r} 6\,5 \\ +\,7\,6 \\ \hline \end{array}$$

②
$$\begin{array}{r} 3\,9 \\ +\,8\,4 \\ \hline \end{array}$$

③
$$\begin{array}{r} 5\,7 \\ +\,9\,8 \\ \hline \end{array}$$

④
$$\begin{array}{r} 6\,5 \\ +\,4\,8 \\ \hline \end{array}$$

⑤
$$\begin{array}{r} 8\,6 \\ +\,6\,7 \\ \hline \end{array}$$

⑥
$$\begin{array}{r} 2\,8 \\ +\,9\,6 \\ \hline \end{array}$$

⑦
$$\begin{array}{r} 8\,6 \\ +\,4\,8 \\ \hline \end{array}$$

⑧
$$\begin{array}{r} 6\,7 \\ +\,7\,9 \\ \hline \end{array}$$

2 つぎの けいさんを しましょう。　〔1もん 3てん〕

①
$$\begin{array}{r} 7\,2 \\ +\,4\,8 \\ \hline \end{array}$$

②
$$\begin{array}{r} 5\,4 \\ +\,5\,6 \\ \hline \end{array}$$

③
$$\begin{array}{r} 3\,1 \\ +\,8\,9 \\ \hline \end{array}$$

④
$$\begin{array}{r} 9\,7 \\ +\,5\,3 \\ \hline \end{array}$$

⑤
$$\begin{array}{r} 6\,5 \\ +\,5\,5 \\ \hline \end{array}$$

⑥
$$\begin{array}{r} 9\,6 \\ +\,4\,4 \\ \hline \end{array}$$

⑦
$$\begin{array}{r} 7\,8 \\ +\,8\,2 \\ \hline \end{array}$$

⑧
$$\begin{array}{r} 4\,9 \\ +\,9\,1 \\ \hline \end{array}$$

3 つぎの けいさんを しましょう。　〔1もん　3てん〕

① 79
　+37

② 66
　+46

③ 54
　+86

④ 49
　+81

⑤ 28
　+92

⑥ 96
　+87

⑦ 75
　+78

⑧ 87
　+63

⑨ 58
　+67

⑩ 65
　+45

⑪ 74
　+89

⑫ 93
　+48

4 つぎの けいさんを ひっさんで しましょう。〔1もん　4てん〕

① 86＋59　　② 77＋43　　③ 55＋97

5 いちごを あいりさんは 45こ, おかあさんは 78こ つみました。あわせて なんこ つみましたか。　〔4てん〕

しき

こたえ（　　　　　　　）

23 2けた＋1けた （2かい くり上がる）

とくてん

てん

れい

```
  9 8        6
＋   5     ＋9 8
1 0 3      1 0 4
```

こたえは 3けたに なるよ。

1 つぎの けいさんを しましょう。　〔1もん 8てん〕

① 　9 4
　＋　 7

② 　9 7
　＋　 6

③ 　　 8
　＋9 4

④ 　　 9
　＋9 6

⑤ 　9 9
　＋　 5

⑥ 　　 4
　＋9 6

⑦ 　　 3
　＋9 8

⑧ 　9 8
　＋　 7

2 つぎの けいさんを ひっさんで しましょう。〔1もん 9てん〕

① 　6＋95

② 　92＋8

③ 　9＋94

3 　たくみさんの 学校の 1年生は 95人で, 2年生は 1年生より 7人 おおいそうです。2年生は なん人 いますか。

しき

〔9てん〕

こたえ （　　　　　　）

24

◆2けたの　たしざんの　ひっさん

2けた＋2けた（2かい　くり上がる②）

とくてん

てん

れい

$$
\begin{array}{r}
8\ 5 \\
+\ 1\ 6 \\
\hline
1\ 0\ 1
\end{array}
$$

十のくらいと
百のくらいに
くり上がるよ。

1 つぎの　けいさんを　しましょう。　　〔1もん　8てん〕

①
$$
\begin{array}{r}
7\ 5 \\
+\ 2\ 8 \\
\hline
\end{array}
$$

②
$$
\begin{array}{r}
4\ 7 \\
+\ 5\ 6 \\
\hline
\end{array}
$$

③
$$
\begin{array}{r}
6\ 8 \\
+\ 3\ 2 \\
\hline
\end{array}
$$

④
$$
\begin{array}{r}
1\ 4 \\
+\ 8\ 7 \\
\hline
\end{array}
$$

⑤
$$
\begin{array}{r}
3\ 5 \\
+\ 6\ 5 \\
\hline
\end{array}
$$

⑥
$$
\begin{array}{r}
8\ 6 \\
+\ 1\ 6 \\
\hline
\end{array}
$$

⑦
$$
\begin{array}{r}
2\ 9 \\
+\ 7\ 3 \\
\hline
\end{array}
$$

⑧
$$
\begin{array}{r}
3\ 5 \\
+\ 6\ 9 \\
\hline
\end{array}
$$

2 つぎの　けいさんを　ひっさんで　しましょう。　〔1もん　9てん〕

①　64＋38　　　②　25＋75　　　③　56＋49

3 けしゴムの　ねだんは　45円で，ノートは　けしゴムより
55円　たかいそうです。ノートの　ねだんは　なん円ですか。
〔9てん〕

しき

こたえ（　　　　　）

25 3つの　かず （1　くり上がる）

れい

```
  3 5        4 2        5 9
  2 1        5 4        6 4
+ 3 7      + 3 1      + 7 3
-----      -----      -----
  9 3      1 2 7      1 9 6
```

なんの　くらいが
くり上がるか
気を　つけよう。

1　つぎの　けいさんを　しましょう。　　　〔1もん　4てん〕

```
①   2 6      ②   3 4      ③   4 5      ④   3 6
    4 2          2 7          1 8          2 5
  + 1 8        + 3 6        + 3 3        + 3 2
```

2　つぎの　けいさんを　しましょう。　　　〔1もん　4てん〕

```
①   5 6      ②   2 1      ③   4 5      ④   3 2
    4 2          5 3          3 1          6 4
  + 6 1        + 6 0        + 5 3        + 8 3
```

3　つぎの　けいさんを　しましょう。　　　〔1もん　4てん〕

```
①   3 8      ②   4 3      ③   5 2      ④   4 8
    2 7          3 9          2 7          3 6
  + 6 4        + 2 5        + 7 5        + 5 3
```

4 つぎの けいさんを しましょう。 〔1もん 4てん〕

①
```
  3 2
  1 9
+ 4 5
```

②
```
  4 6
  2 7
+ 5 2
```

③
```
  2 8
  5 0
+ 6 1
```

④
```
  6 3
  1 5
+ 4 6
```

⑤
```
  4 7
  3 3
+ 5 4
```

⑥
```
  2 7
  4 2
+ 3 8
```

⑦
```
  3 3
  2 5
+ 3 4
```

⑧
```
  7 4
  4 3
+ 5 8
```

5 つぎの けいさんを ひっさんで しましょう。〔1もん 6てん〕

① 62＋49＋25

② 43＋27＋32

6 どんぐりを, えいとさんは 35こ, ゆうきさんは 28こ,
かのんさんは 26こ ひろいました。どんぐりを あわせて
なんこ ひろいましたか。 〔8てん〕

しき

こたえ (   )

26 3つの　かず (2 くり上がる)

れい

```
  48        39
  17        28
+26       +64
 ───       ───
  91       131
```

十のくらいに
2 くり上がるよ。

1 つぎの　けいさんを　しましょう。　　〔1もん　5てん〕

```
①  26     ②  45     ③  36     ④  29
   38        29        16        28
 +19       +17       +38       +37
```

2 つぎの　けいさんを　しましょう。　　〔1もん　5てん〕

```
①  47     ②  78     ③  17     ④  69
   55        29        46        37
 +69       +48       +68       +54
```

```
⑤  15     ⑥  46     ⑦  28     ⑧  36
   69        88        45        79
 +27       +39       +69       +45
```

3 つぎの けいさんを しましょう。　　〔1もん　5てん〕

① 　43
　　29
　+59

② 　36
　　59
　+46

③ 　78
　　45
　+27

④ 　67
　　47
　+76

⑤ 　89
　　54
　+28

⑥ 　25
　　18
　+48

⑦ 　66
　　37
　+28

⑧ 　58
　　29
　+15

ひとやすみ

◆まえから　見ると…?

　つぎの　かたちを　まえから　見た　ものは, 下の①, ②, ③の
どれでしょうか。

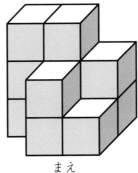

まえ

①

②

③

(こたえは　べっさつの　16ページ)

27 まとめの　れんしゅう

1　つぎの　けいさんを　しましょう。　　〔1もん　3てん〕

① $\begin{array}{r} 52 \\ +63 \\ \hline \end{array}$
② $\begin{array}{r} 20 \\ +91 \\ \hline \end{array}$
③ $\begin{array}{r} 70 \\ +50 \\ \hline \end{array}$
④ $\begin{array}{r} 67 \\ +42 \\ \hline \end{array}$

⑤ $\begin{array}{r} 82 \\ +40 \\ \hline \end{array}$
⑥ $\begin{array}{r} 36 \\ +72 \\ \hline \end{array}$
⑦ $\begin{array}{r} 94 \\ +35 \\ \hline \end{array}$
⑧ $\begin{array}{r} 20 \\ +80 \\ \hline \end{array}$

2　つぎの　けいさんを　しましょう。　　〔1もん　3てん〕

① $\begin{array}{r} 38 \\ +98 \\ \hline \end{array}$
② $\begin{array}{r} 96 \\ +\ 7 \\ \hline \end{array}$
③ $\begin{array}{r} 44 \\ +56 \\ \hline \end{array}$
④ $\begin{array}{r} 21 \\ +89 \\ \hline \end{array}$

⑤ $\begin{array}{r} 54 \\ +66 \\ \hline \end{array}$
⑥ $\begin{array}{r} 85 \\ +76 \\ \hline \end{array}$
⑦ $\begin{array}{r} 93 \\ +\ 9 \\ \hline \end{array}$
⑧ $\begin{array}{r} 27 \\ +75 \\ \hline \end{array}$

3　つぎの けいさんを ひっさんで しましょう。〔1もん　3てん〕

①　$32+83$

②　$87+44$

③　$5+97$

④　$53+49$

4 つぎの けいさんを しましょう。　　　〔1もん　3てん〕

① 68
　+51

② 　8
　+93

③ 43
　+78

④ 54
　+80

⑤ 72
　+29

⑥ 86
　+35

⑦ 15
　+93

⑧ 68
　+72

5 つぎの けいさんを しましょう。　　　〔1もん　3てん〕

① 25
　36
　+43

② 28
　39
　+24

③ 51
　63
　+18

④ 76
　47
　+39

6 65円の ガムと 75円の チョコレートを かいます。なん円 はらえば よいでしょうか。　　　〔4てん〕

しき

こたえ（　　　　　　　　）

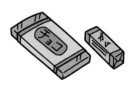

◆たしざん◆　39

28

3けた−2けた （百のくらいから くり下がる）

れい

$$\begin{array}{r} 139 \\ -54 \\ \hline 85 \end{array}$$

$$\begin{array}{r} 108 \\ -73 \\ \hline 35 \end{array}$$

百のくらいから
１　くり下げて
けいさんするよ。

1 つぎの　けいさんを　しましょう。　　　〔1もん　4てん〕

① $$\begin{array}{r} 156 \\ -94 \\ \hline \end{array}$$

② $$\begin{array}{r} 139 \\ -76 \\ \hline \end{array}$$

③ $$\begin{array}{r} 120 \\ -80 \\ \hline \end{array}$$

④ $$\begin{array}{r} 148 \\ -63 \\ \hline \end{array}$$

⑤ $$\begin{array}{r} 175 \\ -82 \\ \hline \end{array}$$

⑥ $$\begin{array}{r} 167 \\ -97 \\ \hline \end{array}$$

2 つぎの　けいさんを　しましょう。　　　〔1もん　4てん〕

① $$\begin{array}{r} 104 \\ -72 \\ \hline \end{array}$$

② $$\begin{array}{r} 108 \\ -41 \\ \hline \end{array}$$

③ $$\begin{array}{r} 105 \\ -34 \\ \hline \end{array}$$

④ $$\begin{array}{r} 106 \\ -56 \\ \hline \end{array}$$

⑤ $$\begin{array}{r} 104 \\ -20 \\ \hline \end{array}$$

⑥ $$\begin{array}{r} 103 \\ -82 \\ \hline \end{array}$$

3 つぎの けいさんを しましょう。 〔1もん 4てん〕

① 147
－ 83

② 152
－ 61

③ 107
－ 94

④ 163
－ 90

⑤ 108
－ 76

⑥ 136
－ 83

⑦ 129
－ 55

⑧ 114
－ 82

⑨ 109
－ 75

4 つぎの けいさんを ひっさんで しましょう。〔1もん 5てん〕

① 175－92

② 106－43

5 みゆさんは, はなの たねを 129こ もって います。お
とうとに 45こ あげると, のこりは なんこに なりますか。

〔6てん〕

しき

こたえ（　　　　　　　　）

29 3けた−2けた（2かい くり下がる①）

れい

$$
\begin{array}{r}
165 \\
-\ \ 87 \\
\hline
78
\end{array}
\qquad
\begin{array}{r}
140 \\
-\ \ 78 \\
\hline
62
\end{array}
$$

十のくらいと　百のくらい
から　1ずつ　くり下げて
けいさんするよ。

1 つぎの　けいさんを　しましょう。　〔1もん　4てん〕

① $\begin{array}{r} 125 \\ -\ \ 69 \\ \hline \end{array}$　② $\begin{array}{r} 164 \\ -\ \ 95 \\ \hline \end{array}$　③ $\begin{array}{r} 141 \\ -\ \ 42 \\ \hline \end{array}$

④ $\begin{array}{r} 152 \\ -\ \ 78 \\ \hline \end{array}$　⑤ $\begin{array}{r} 132 \\ -\ \ 37 \\ \hline \end{array}$　⑥ $\begin{array}{r} 113 \\ -\ \ 66 \\ \hline \end{array}$

2 つぎの　けいさんを　しましょう。　〔1もん　4てん〕

① $\begin{array}{r} 140 \\ -\ \ 65 \\ \hline \end{array}$　② $\begin{array}{r} 110 \\ -\ \ 59 \\ \hline \end{array}$　③ $\begin{array}{r} 150 \\ -\ \ 86 \\ \hline \end{array}$

④ $\begin{array}{r} 130 \\ -\ \ 38 \\ \hline \end{array}$　⑤ $\begin{array}{r} 170 \\ -\ \ 85 \\ \hline \end{array}$　⑥ $\begin{array}{r} 160 \\ -\ \ 94 \\ \hline \end{array}$

3 つぎの けいさんを しましょう。 〔1もん 4てん〕

① 　１２５
　　－　３７

② 　１８２
　　－　８６

③ 　１２０
　　－　７３

④ 　１７４
　　－　８８

⑤ 　１５０
　　－　９４

⑥ 　１３３
　　－　５９

⑦ 　１６０
　　－　６１

⑧ 　１３６
　　－　９８

⑨ 　１４３
　　－　４５

4 つぎの けいさんを ひっさんで しましょう。〔1もん 4てん〕

①　１１５－６８

②　１６０－９６

5 １５２この パンを やきました。そのうち ９３こが うれ
ました。あと なんこ のこって いますか。　〔8てん〕

しき

こたえ（　　　　　　　　）

30

3けた－1けた（2かい くり下がる）

れい

```
  1 0 5        1 0 0
－    8      －    4
  9 7          9 6
```

十のくらいからは
くり下げられないね。
百のくらいから
１　くり下げるよ。

1 つぎの　けいさんを　しましょう。　　〔1もん　4てん〕

①
```
  1 0 2
－    4
```

②
```
  1 0 8
－    9
```

③
```
  1 0 4
－    7
```

④
```
  1 0 1
－    6
```

⑤
```
  1 0 6
－    8
```

⑥
```
  1 0 3
－    9
```

2 つぎの　けいさんを　しましょう。　　〔1もん　4てん〕

①
```
  1 0 0
－    2
```

②
```
  1 0 0
－    9
```

③
```
  1 0 0
－    8
```

④
```
  1 0 0
－    5
```

⑤
```
  1 0 0
－    7
```

⑥
```
  1 0 0
－    3
```

3 つぎの けいさんを しましょう。 〔1もん　4てん〕

① 　101
　－　　4

② 　106
　－　　7

③ 　104
　－　　6

④ 　102
　－　　3

⑤ 　103
　－　　7

⑥ 　107
　－　　8

⑦ 　100
　－　　1

⑧ 　105
　－　　7

⑨ 　102
　－　　9

4 つぎの けいさんを ひっさんで しましょう。〔1もん　5てん〕

① 　102－7

② 　100－6

5 がようしが 107まい ありました。そのうち 9まい つかいました。がようしは なんまい のこって いますか。

〔6てん〕

しき

こたえ（　　　　　　　　　）

◆3けたの ひきざんの ひっさん

3けた－2けた （2かい くり下がる②）

れい

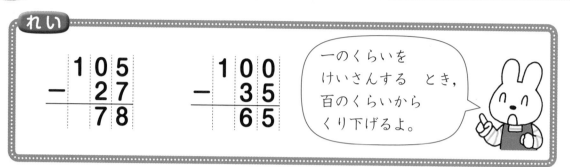

```
  1 0 5
－   2 7
    7 8
```

```
  1 0 0
－   3 5
    6 5
```

一のくらいを
けいさんする とき，
百のくらいから
くり下げるよ。

1 つぎの けいさんを しましょう。 〔1もん 4てん〕

① 　1 0 3
　－　 6 7

② 　1 0 6
　－　 3 8

③ 　1 0 2
　－　 8 5

④ 　1 0 4
　－　 8 6

⑤ 　1 0 1
　－　 7 9

⑥ 　1 0 5
　－　 9 8

2 つぎの けいさんを しましょう。 〔1もん 4てん〕

① 　1 0 0
　－　 5 4

② 　1 0 0
　－　 2 1

③ 　1 0 0
　－　 4 3

④ 　1 0 0
　－　 9 6

⑤ 　1 0 0
　－　 8 7

⑥ 　1 0 0
　－　 3 3

3 つぎの けいさんを しましょう。　　　　〔1もん　4てん〕

① 　103
　　－　78

② 　100
　　－　62

③ 　105
　　－　28

④ 　100
　　－　14

⑤ 　102
　　－　53

⑥ 　108
　　－　99

⑦ 　106
　　－　89

⑧ 　101
　　－　34

⑨ 　100
　　－　75

4 つぎの けいさんを ひっさんで しましょう。〔1もん　5てん〕

① 　107－29

② 　100－91

5 ぼくじょうに うしが 104とう，うまが 78とう います。
うしは うまより なんとう おおく いますか。　　〔6てん〕

しき

こたえ （　　　　　　　　）

32 まとめの　れんしゅう

とくてん

てん

1 つぎの　けいさんを　しましょう。　　〔1もん　3てん〕

① 134
− 71

② 103
− 40

③ 115
− 84

④ 128
− 93

⑤ 169
− 72

⑥ 107
− 15

2 つぎの　けいさんを　しましょう。　　〔1もん　3てん〕

① 125
− 86

② 146
− 99

③ 160
− 63

④ 158
− 79

⑤ 120
− 34

⑥ 113
− 25

3 つぎの　けいさんを　しましょう。　　〔1もん　3てん〕

① 102
− 5

② 100
− 3

③ 103
− 77

④ 105
− 36

⑤ 104
− 8

⑥ 107
− 28

4 つぎの けいさんを しましょう。　　　　〔1もん 3てん〕

① 103
－　　5

② 153
－　60

③ 100
－　66

④ 172
－　83

⑤ 161
－　72

⑥ 188
－　92

⑦ 147
－　86

⑧ 106
－　98

⑨ 133
－　46

5 つぎの けいさんを ひっさんで しましょう。〔1もん 5てん〕

① 108－26

② 124－39

6 あおいさんは どんぐりを 106こ ひろいました。おとう
とに 28こ あげると のこりは なんこに なりますか。

〔9てん〕

しき

こたえ （　　　　　　　　　　）

33 3けた＋1けた（くり上がりなし）

とくてん

てん

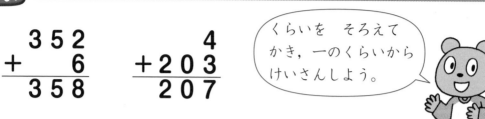

れい

$$
\begin{array}{r}
3\,5\,2 \\
+\quad\ \ 6 \\
\hline
3\,5\,8
\end{array}
\qquad
\begin{array}{r}
4 \\
+2\,0\,3 \\
\hline
2\,0\,7
\end{array}
$$

くらいを　そろえて
かき，一のくらいから
けいさんしよう。

1 つぎの　けいさんを　しましょう。　　〔1もん　10てん〕

①
$$
\begin{array}{r}
2\,3\,4 \\
+\quad\ \ 5 \\
\hline
\end{array}
$$

②
$$
\begin{array}{r}
5\,8\,3 \\
+\quad\ \ 6 \\
\hline
\end{array}
$$

③
$$
\begin{array}{r}
6 \\
+3\,0\,2 \\
\hline
\end{array}
$$

④
$$
\begin{array}{r}
4 \\
+7\,9\,1 \\
\hline
\end{array}
$$

⑤
$$
\begin{array}{r}
4\,6\,1 \\
+\quad\ \ 8 \\
\hline
\end{array}
$$

⑥
$$
\begin{array}{r}
3 \\
+3\,6\,0 \\
\hline
\end{array}
$$

2 つぎの　けいさんを　ひっさんで　しましょう。〔1もん　10てん〕

① 4＋284

② 925＋3

③ 702＋7

④ 6＋531

◆おおきい かずの たしざんの ひっさん
3けた＋2けた（くり上がりなし）

れい

$$
\begin{array}{r}
126 \\
+42 \\
\hline
168
\end{array}
\qquad
\begin{array}{r}
30 \\
+363 \\
\hline
393
\end{array}
$$

くらいを そろえて
かき，一のくらいから
けいさんしよう。

1 つぎの けいさんを しましょう。　〔1もん 10てん〕

① $\begin{array}{r} 452 \\ +43 \\ \hline \end{array}$
② $\begin{array}{r} 307 \\ +80 \\ \hline \end{array}$
③ $\begin{array}{r} 75 \\ +621 \\ \hline \end{array}$

④ $\begin{array}{r} 26 \\ +503 \\ \hline \end{array}$
⑤ $\begin{array}{r} 814 \\ +72 \\ \hline \end{array}$
⑥ $\begin{array}{r} 50 \\ +620 \\ \hline \end{array}$

2 つぎの けいさんを ひっさんで しましょう。〔1もん 15てん〕

① $615+73$
② $24+361$

3 あんなさんは，560円の ふでばこと 30円の えんぴつ
を かいます。あわせて いくらに なりますか。　〔10てん〕

(しき)

(こたえ)(　　　　　　)

◆おおきい　かずの　たしざんの　ひっさん

3けた＋1けた （十のくらいへ　くり上がる）

れい

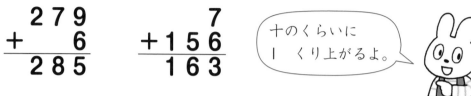

```
    2 7 9
+       6
    2 8 5
```

```
        7
+ 1 5 6
  1 6 3
```

十のくらいに
１　くり上がるよ。

1　つぎの　けいさんを　しましょう。　　　　〔1もん　10てん〕

① 　　3 2 8
　　＋　　　4

② 　　　　　9
　　＋5 7 5

③ 　　2 0 7
　　＋　　　6

④ 　　4 5 2
　　＋　　　8

⑤ 　　　　　9
　　＋6 4 3

⑥ 　　　　　4
　　＋3 0 6

2　つぎの　けいさんを　ひっさんで　しましょう。〔1もん　10てん〕

① 　872＋9

② 　5＋258

③ 　7＋408

④ 　346＋4

◆おおきい　かずの　たしざんの　ひっさん

3けた＋2けた （十のくらいへ くり上がる）

れい

```
  265          28
+  17        +365
─────        ─────
  282          393
```

十のくらいに
1　くり上がるよ。

1　つぎの　けいさんを　しましょう。　　〔1もん　10てん〕

①
```
  435
+  57
```

②
```
    29
+ 632
```

③
```
  506
+  48
```

④
```
  375
+  16
```

⑤
```
    83
+ 409
```

⑥
```
    36
+ 524
```

2　つぎの　けいさんを　ひっさんで　しましょう。〔1もん　15てん〕

①　617＋67　　　　　②　38＋508

3　としょかんの　本だなには，本が　437さつ　あります。あたらしく　26さつ　かうと，本は　ぜんぶで　なんさつに　なりますか。

〔10てん〕

しき

こたえ（　　　　　）

37 まとめの れんしゅう

1 つぎの けいさんを しましょう。　　　〔1もん 3てん〕

① 328
  ＋　9

② 　　4
  ＋608

③ 723
  ＋　5

④ 425
  ＋　5

⑤ 190
  ＋　9

⑥ 　　7
  ＋203

⑦ 　　2
  ＋314

⑧ 504
  ＋　5

⑨ 　　6
  ＋865

2 つぎの けいさんを しましょう。　　　〔1もん 3てん〕

① 547
  ＋　28

② 　87
  ＋304

③ 162
  ＋　20

④ 　57
  ＋603

⑤ 413
  ＋　86

⑥ 　30
  ＋617

⑦ 327
  ＋　49

⑧ 　26
  ＋254

⑨ 　68
  ＋701

3 つぎの けいさんを しましょう。 〔1もん 3てん〕

①
```
   8 1 2
+    5 8
```

②
```
   9 8 4
+      9
```

③
```
     2 9
+ 7 6 0
```

④
```
       6
+ 2 4 3
```

⑤
```
     3 6
+ 3 1 4
```

⑥
```
   5 0 9
+      7
```

⑦
```
   6 5 3
+    4 2
```

⑧
```
       4
+ 3 8 6
```

⑨
```
   4 3 8
+    3 3
```

4 つぎの けいさんを ひっさんで しましょう。〔1もん 5てん〕

① 802+61

② 945+7

5 504円の ふでばこと 85円の えんぴつを かいます。
なん円 はらえば よいでしょうか。 〔9てん〕

しき

こたえ (   )

38 3けた－1けた（くり下がりなし）

れい

$$\begin{array}{r} 268 \\ -3 \\ \hline 265 \end{array}$$

くらいを　そろえて
かき，一のくらいから
けいさんしよう。

1 つぎの　けいさんを　しましょう。　　〔1もん　10てん〕

①　$\begin{array}{r} 417 \\ -4 \\ \hline \end{array}$　　②　$\begin{array}{r} 369 \\ -7 \\ \hline \end{array}$　　③　$\begin{array}{r} 295 \\ -3 \\ \hline \end{array}$

④　$\begin{array}{r} 628 \\ -6 \\ \hline \end{array}$　　⑤　$\begin{array}{r} 508 \\ -8 \\ \hline \end{array}$　　⑥　$\begin{array}{r} 349 \\ -5 \\ \hline \end{array}$

2 つぎの　けいさんを　ひっさんで　しましょう。〔1もん　10てん〕

①　$318-7$　　　　②　$605-5$

③　$749-6$　　　　④　$456-3$

39

3けた－2けた (くり下がりなし)

れい

$$
\begin{array}{r}
236 \\
-\ \ 12 \\
\hline
224
\end{array}
$$

くらいを そろえて
かき, 一のくらいから
けいさんしよう。

1 つぎの けいさんを しましょう。 〔1もん 10てん〕

① 　359
　 － 46

② 　587
　 － 63

③ 　474
　 － 74

④ 　638
　 － 23

⑤ 　292
　 － 50

⑥ 　366
　 － 62

2 つぎの けいさんを ひっさんで しましょう。〔1もん 15てん〕

① 　489－54

② 　399－86

3 あさひさんの 学校の せいとの かずは 732人で, となりの 学校の せいとの かずは 32人 すくないそうです。となりの 学校の せいとの かずは なん人ですか。〔10てん〕

しき

こたえ （　　　　　　　　　）

40 3けた－1けた （十のくらいから くり下がる）

れい

$$\begin{array}{r} 2\ 3\ 6 \\ -\quad\ \ 9 \\ \hline 2\ 2\ 7 \end{array}$$

十のくらいから
1　くり下げて
けいさんするよ。

1 つぎの　けいさんを　しましょう。　〔1もん　10てん〕

①
$$\begin{array}{r} 6\ 4\ 3 \\ -\quad\ \ 7 \\ \hline \end{array}$$

②
$$\begin{array}{r} 3\ 8\ 4 \\ -\quad\ \ 8 \\ \hline \end{array}$$

③
$$\begin{array}{r} 2\ 4\ 5 \\ -\quad\ \ 6 \\ \hline \end{array}$$

④
$$\begin{array}{r} 4\ 7\ 2 \\ -\quad\ \ 5 \\ \hline \end{array}$$

⑤
$$\begin{array}{r} 9\ 4\ 2 \\ -\quad\ \ 9 \\ \hline \end{array}$$

⑥
$$\begin{array}{r} 6\ 2\ 0 \\ -\quad\ \ 4 \\ \hline \end{array}$$

2 つぎの　けいさんを　ひっさんで　しましょう。〔1もん　10てん〕

① 361－6

② 834－7

③ 510－5

④ 442－8

◆おおきい かずの ひきざんの ひっさん

3けた－2けた （十のくらいから くり下がる）

れい

```
  2 3 6
－   1 9
─────
  2 1 7
```

```
  5 4 3
－   3 4
─────
  5 0 9
```

十のくらいから
1 くり下げて
けいさんするよ。

---

1 つぎの けいさんを しましょう。 〔1もん 10てん〕

①
```
  3 5 2
－   2 7
```

②
```
  6 5 4
－   4 8
```

③
```
  4 8 0
－   7 6
```

④
```
  5 8 3
－   3 9
```

⑤
```
  2 7 5
－   5 6
```

⑥
```
  3 9 1
－   2 5
```

2 つぎの けいさんを ひっさんで しましょう。〔1もん 15てん〕

① 464－37

② 572－56

3 かなさんは 690円 もって います。82円の アイスク
リームを かうと, のこりは いくらに なりますか。〔10てん〕

しき

こたえ (　　　　　　)

42 まとめの　れんしゅう

1 つぎの　けいさんを　しましょう。　　　〔1もん　3てん〕

①
```
  733
-   2
```

②
```
  850
-   6
```

③
```
  408
-   4
```

④
```
  645
-   8
```

⑤
```
  367
-   7
```

⑥
```
  921
-   2
```

⑦
```
  289
-   3
```

⑧
```
  312
-   6
```

⑨
```
  526
-   5
```

2 つぎの　けいさんを　しましょう。　　　〔1もん　3てん〕

①
```
  698
-  26
```

②
```
  577
-  38
```

③
```
  960
-  42
```

④
```
  265
-  54
```

⑤
```
  843
-  17
```

⑥
```
  393
-  80
```

⑦
```
  790
-  62
```

⑧
```
  422
-  21
```

⑨
```
  751
-  45
```

3 つぎの けいさんを しましょう。　〔1もん　3てん〕

①
```
  269
-  36
```

②
```
  874
-  66
```

③
```
  671
-   5
```

④
```
  586
-  48
```

⑤
```
  753
-   2
```

⑥
```
  499
-  95
```

⑦
```
  347
-   9
```

⑧
```
  930
-  26
```

⑨
```
  517
-   8
```

4 つぎの けいさんを ひっさんで しましょう。〔1もん　5てん〕

① 234 − 7

② 646 − 27

5 かいとさんの 学校の せいとの かずは, ぜんぶで 353 人です。38人 やすむと, なん人に なりますか。　〔9てん〕

しき

こたえ（　　　　　　　　）

43 たしざんと　ひきざんの　まとめ

1 つぎの　けいさんを　しましょう。　　〔1もん　3てん〕

①
```
  243
+  36
```

②
```
  95
+  9
```

③
```
  67
+33
```

④
```
  49
+73
```

⑤
```
  702
+    8
```

⑥
```
  80
+47
```

⑦
```
  678
+  15
```

⑧
```
  38
+91
```

⑨
```
    2
+457
```

2 つぎの　けいさんを　しましょう。　　〔1もん　3てん〕

①
```
  169
-  83
```

②
```
  724
-  13
```

③
```
  180
-  86
```

④
```
  650
-    3
```

⑤
```
  341
-  39
```

⑥
```
  104
-    9
```

⑦
```
  265
-    2
```

⑧
```
  102
-  57
```

⑨
```
  592
-  48
```

3 つぎの けいさんを しましょう。　〔1もん　3てん〕

① 　 85
　 ＋49

② 　789
　 － 26

③ 　 90
　 ＋70

④ 　163
　 － 65

⑤ 　452
　 ＋ 13

⑥ 　651
　 － 　7

⑦ 　100
　 － 27

⑧ 　974
　 － 46

⑨ 　　　8
　 ＋306

4 つぎの けいさんを ひっさんで しましょう。〔1もん　5てん〕

① 　308＋17

② 　126－39

5 　あやとさんの 学校の せいとの かずは, こう学年が
375人で てい学年は こう学年より 38人 すくないそう
です。てい学年は なん人ですか。　〔9てん〕

しき

こたえ （　　　　　　　　　）

◆たしざんの あんざん

なん十なに ＋ なに（くり上がる）

れい

24＋6＝30

18＋5＝23

十のくらいに
1 くり上がるよ。

1 つぎの けいさんを あんざんで しましょう。〔1もん 8てん〕

① 32＋8 　　② 16＋4

③ 59＋1 　　④ 3＋47

2 つぎの けいさんを あんざんで しましょう。〔1もん 8てん〕

① 19＋4 　　② 5＋26

③ 6＋47 　　④ 38＋7

⑤ 53＋9 　　⑥ 48＋3

⑦ 8＋75 　　⑧ 27＋7

3 1くみの 人ずうは 18人です。2くみは 1くみより
5人 おおいそうです。2くみは なん人ですか。

〔4てん〕

しき

こたえ（　　　　　　）

◆たしざんの　あんざん

なん十なに ＋ なん十 （くり上がりなし）

れい

23＋50＝73

10の　たばが　7つと　3まい

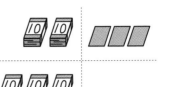

1 つぎの　けいさんを　あんざんで　しましょう。〔1もん　5てん〕

① 25＋10

② 13＋30

③ 40＋28

④ 70＋16

⑤ 51＋20

⑥ 34＋50

⑦ 30＋53

⑧ 45＋10

⑨ 60＋35

⑩ 70＋25

⑪ 13＋20

⑫ 26＋60

⑬ 59＋40

⑭ 50＋16

⑮ 20＋27

⑯ 62＋30

⑰ 80＋12

⑱ 18＋20

⑲ 40＋14

⑳ 50＋41

46 ◆たしざんの あんざん
なん十 ＋ なん十 （くり上がる）

とくてん

てん

れい

$$40 + 80 = 120$$

10の たばが ぜんぶで 12

10が いくつ あるか かんが えると いいね。

1 つぎの けいさんを あんざんで しましょう。〔1もん 5てん〕

① 60＋70 ② 30＋90

③ 80＋50 ④ 50＋60

⑤ 70＋80 ⑥ 80＋90

⑦ 60＋80 ⑧ 90＋60

⑨ 20＋90 ⑩ 70＋70

⑪ 90＋90 ⑫ 40＋90

⑬ 50＋70 ⑭ 80＋30

⑮ 60＋60 ⑯ 90＋50

⑰ 70＋90 ⑱ 70＋40

⑲ 80＋80 ⑳ 80＋60

◆たしざんの　あんざん

なん百 ＋ なん百 (たして 1000まで)

れい

$$500+200=700$$

100の　たばが　ぜんぶで　7

100が　いくつ
あるか　かんが
えると　いいね。

---

1 つぎの　けいさんを　あんざんで　しましょう。〔1もん　6てん〕

① 600＋300　　　② 200＋400

③ 300＋500　　　④ 400＋300

⑤ 400＋400　　　⑥ 100＋800

2 つぎの　けいさんを　あんざんで　しましょう。〔1もん　6てん〕

① 300＋700　　　② 800＋200

③ 500＋500　　　④ 900＋100

3 つぎの　けいさんを　あんざんで　しましょう。〔1もん　5てん〕

① 200＋600　　　② 400＋600

③ 500＋100　　　④ 300＋600

⑤ 300＋300　　　⑥ 700＋300

⑦ 200＋800　　　⑧ 100＋700

◆たしざんの あんざん

なん百 ＋ なん十, なん百 ＋ なに

れい

$200＋30＝230$　　　　$400＋5＝405$

1 つぎの けいさんを あんざんで しましょう。〔1もん 5てん〕

① $300＋40$　　　　② $600＋10$

③ $800＋70$　　　　④ $500＋60$

⑤ $200＋80$　　　　⑥ $400＋30$

2 つぎの けいさんを あんざんで しましょう。〔1もん 5てん〕

① $200＋8$　　　　② $400＋7$

③ $900＋5$　　　　④ $300＋4$

⑤ $500＋3$　　　　⑥ $600＋9$

3 つぎの けいさんを あんざんで しましょう。〔1もん 5てん〕

① $400＋90$　　　　② $700＋8$

③ $300＋3$　　　　④ $600＋70$

⑤ $900＋10$　　　　⑥ $500＋6$

⑦ $800＋2$　　　　⑧ $200＋50$

◆たしざんの　あんざん
なん百 ＋ なん百（くり上がる）

れい

700＋500＝1200

100の　たばが　ぜんぶで　12

1 つぎの　けいさんを　あんざんで　しましょう。〔1もん　5てん〕

① 500＋800　　　　② 900＋800

③ 600＋600　　　　④ 400＋700

⑤ 300＋900　　　　⑥ 600＋500

⑦ 700＋600　　　　⑧ 900＋200

⑨ 800＋800　　　　⑩ 500＋700

⑪ 800＋400　　　　⑫ 700＋700

⑬ 900＋600　　　　⑭ 300＋800

⑮ 500＋900　　　　⑯ 900＋400

⑰ 800＋600　　　　⑱ 900＋900

⑲ 700＋900　　　　⑳ 400＋800

50

◆ひきざんの あんざん
なん十 ー なに，
なん十なに ー なに（くり下がる）

れい

20−8＝12
34−6＝28

十のくらいから
１ くり下げて
けいさんするよ。

1 つぎの けいさんを あんざんで しましょう。〔1もん　8てん〕

① 20−6　　　　② 50−1

③ 40−3　　　　④ 70−2

2 つぎの けいさんを あんざんで しましょう。〔1もん　8てん〕

① 35−8　　　　② 24−9

③ 82−6　　　　④ 53−7

⑤ 41−6　　　　⑥ 72−4

⑦ 23−9　　　　⑧ 68−9

3 １くみの 人ずうは 23人です。2くみは 1くみより
4人 すくないそうです。2くみは なん人ですか。〔4てん〕

しき

こたえ（　　　　　　　　）

◆ひきざんの　あんざん

百なん十 － なん十 （くり下がる）

れい

$120-80=40$

10が　いくつ　あるか
かんがえると　いいね。

1　つぎの　けいさんを　あんざんで　しましょう。〔1もん　5てん〕

① $150-70$　　　② $120-80$

③ $160-90$　　　④ $110-40$

⑤ $130-50$　　　⑥ $180-90$

⑦ $120-70$　　　⑧ $150-80$

⑨ $170-80$　　　⑩ $140-60$

⑪ $150-90$　　　⑫ $130-40$

⑬ $110-70$　　　⑭ $160-80$

⑮ $140-80$　　　⑯ $120-40$

⑰ $130-60$　　　⑱ $170-90$

⑲ $110-80$　　　⑳ $140-50$

52 ◆ひきざんの あんざん
なん百 － なん百 (1000までから)

れい

$500-200=300$

$1000-400=600$

100が いくつ あるか
かんがえると いいね。

1 つぎの けいさんを あんざんで しましょう。〔1もん 5てん〕

① $600-300$ ② $800-100$

③ $400-200$ ④ $700-600$

⑤ $900-400$ ⑥ $500-300$

2 つぎの けいさんを あんざんで しましょう。〔1もん 5てん〕

① $1000-700$ ② $1000-600$

③ $1000-500$ ④ $1000-100$

3 つぎの けいさんを あんざんで しましょう。〔1もん 5てん〕

① $700-400$ ② $1000-300$

③ $400-100$ ④ $900-700$

⑤ $1000-800$ ⑥ $500-400$

⑦ $800-300$ ⑧ $1000-900$

⑨ $600-200$ ⑩ $1000-200$

◆ひきざんの　あんざん

なん百なん十 ー なん十，
なん百なに ー なに

れい

$$260-60=200 \qquad 607-7=600$$

1 つぎの けいさんを あんざんで しましょう。〔1もん　5てん〕

① $340-40$　　　　② $890-90$

③ $450-50$　　　　④ $930-30$

⑤ $720-20$　　　　⑥ $580-80$

2 つぎの けいさんを あんざんで しましょう。〔1もん　5てん〕

① $508-8$　　　　② $309-9$

③ $204-4$　　　　④ $605-5$

⑤ $407-7$　　　　⑥ $903-3$

3 つぎの けいさんを あんざんで しましょう。〔1もん　5てん〕

① $480-80$　　　　② $206-6$

③ $802-2$　　　　④ $660-60$

⑤ $370-70$　　　　⑥ $405-5$

⑦ $708-8$　　　　⑧ $590-90$

1 つぎの けいさんを あんざんで しましょう。〔1もん 3てん〕

① 43＋7

② 36＋8

③ 50＋90

④ 70＋40

⑤ 700＋300

⑥ 200＋600

⑦ 800＋40

⑧ 300＋7

⑨ 400＋2

⑩ 600＋800

2 つぎの けいさんを あんざんで しましょう。〔1もん 3てん〕

① 30－6

② 42－9

③ 120－50

④ 160－80

⑤ 800－300

⑥ 1000－900

⑦ 460－60

⑧ 950－50

⑨ 307－7

⑩ 604－4

3 つぎの けいさんを あんざんで しましょう。〔1もん 3てん〕

① 56＋7

② 34－5

③ 130－90

④ 60＋80

⑤ 500＋700

⑥ 1000－300

⑦ 60－2

⑧ 40＋31

⑨ 900＋80

⑩ 470－70

⑪ 800－600

⑫ 400＋600

4 赤い 花が 21本 さいて います。きいろい 花は 赤い 花より 3本 すくないそうです。きいろい 花は なん本 さいて いますか。 〔4てん〕

しき

こたえ （   ）

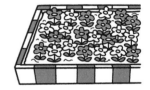

ひとやすみ

◆まほうじん

　右のような，たて，よこ，ななめの どの れつを たしても おなじ かずに なる ものを，まほうじんと いいます。

　?の ところに すうじを 入れて，まほうじんを かんせいさせましょう。

4	?	8
9	5	?
?	7	6

（こたえは べっさつの 16ページ）

◆ながさの たしざん

おなじ たんい

れい

$$6\,\text{cm} + 8\,\text{cm} = 14\,\text{cm}$$
$$2\,\text{m} + 7\,\text{m} = 9\,\text{m}$$

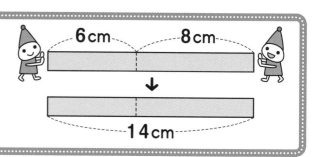

6cm　　8cm

↓

14cm

1 つぎの けいさんを しましょう。　　〔1もん 8てん〕

① 7cm + 3cm

② 9cm + 5cm

③ 12cm + 15cm

④ 6cm + 24cm

⑤ 8cm + 12cm

⑥ 14cm + 12cm

2 つぎの けいさんを しましょう。　　〔1もん 8てん〕

① 4m + 5m

② 6m + 7m

③ 11m + 5m

④ 12m + 7m

⑤ 6m + 4m

⑥ 7m + 8m

3 しおりさんは, け糸で ひもを 18cm あみました。あと 12cm あむそうです。なんcmの ひもを あむ つもりですか。　　〔4てん〕

しき

こたえ（　　　　　）

◆ながさの　たしざん

たんいの　くり上がりなし

れい

$5 \text{cm} 6 \text{mm} + 8 \text{cm} 2 \text{mm} = 13 \text{cm} 8 \text{mm}$

$4 \text{m} 50 \text{cm} + 3 \text{m} 40 \text{cm} = 7 \text{m} 90 \text{cm}$

1　つぎの　けいさんを　しましょう。　　　〔1もん　13てん〕

①　$6 \text{cm} 3 \text{mm} + 7 \text{cm} 2 \text{mm}$

②　$4 \text{cm} 7 \text{mm} + 6 \text{cm}$

③　$11 \text{cm} 6 \text{mm} + 7 \text{cm} 3 \text{mm}$

2　つぎの　けいさんを　しましょう。　　　〔1もん　13てん〕

①　$2 \text{m} 50 \text{cm} + 1 \text{m} 10 \text{cm}$

②　$3 \text{m} + 4 \text{m} 65 \text{cm}$

③　$4 \text{m} 55 \text{cm} + 2 \text{m} 30 \text{cm}$

④　$3 \text{m} 20 \text{cm} + 5 \text{m} 40 \text{cm}$

3　りくとさんの　せいの　たかさは　1m40cm です。45cm の　だいの　上に　上がると, ぜんたいの　たかさは　なんm なんcmに　なりますか。　　　〔9てん〕

しき

こたえ（　　　　　　　　）

◆ながさの たしざん
たんいが くり上がる

れい

5 cm 6 mm ＋ 3 cm 7 mm ＝ 9 cm 3 mm
1 m 50 cm ＋ 2 m 70 cm ＝ 4 m 20 cm
70 cm ＋ 40 cm ＝ 1 m 10 cm

1 cm＝10mm,
1m＝100cm
だね。

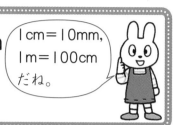

1 つぎの けいさんを しましょう。　〔1もん 13てん〕

① 3 cm 6 mm ＋ 11 cm 5 mm

② 2 cm 5 mm ＋ 9 mm

③ 9 cm 4 mm ＋ 5 cm 6 mm

2 つぎの けいさんを しましょう。　〔1もん 13てん〕

① 1 m 50 cm ＋ 3 m 80 cm

② 2 m 70 cm ＋ 60 cm

③ 2 m 90 cm ＋ 1 m 45 cm

④ 45 cm ＋ 60 cm

3 1本の はり金を 10 cm 5 mm と 9 cm 5 mm の 2つに
きります。もとの はり金の ながさは なん cm ですか。

しき

〔9てん〕

こたえ (　　　　　　　　)

◆ながさの ひきざん

おなじ たんい

れい

$16\,\text{cm} - 12\,\text{cm} = 4\,\text{cm}$

$12\,\text{m} - 8\,\text{m} = 4\,\text{m}$

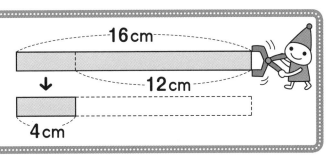

16cm
12cm
↓
4cm

1 つぎの けいさんを しましょう。　〔1もん 8てん〕

① 18cm − 13cm

② 9cm − 6cm

③ 15cm − 5cm

④ 14cm − 8cm

⑤ 12cm − 7cm

⑥ 19cm − 10cm

2 つぎの けいさんを しましょう。　〔1もん 8てん〕

① 8m − 4m

② 15m − 7m

③ 12m − 5m

④ 20m − 4m

⑤ 18m − 8m

⑥ 15m − 6m

3 ながさ 11cmの えんぴつと 15cmの えんぴつが あ
ります。ながさの ちがいは なんcmですか。　〔4てん〕

しき

こたえ (　　　　　)

59 たんいの　くり下がりなし

れい

$$15\,cm\,8\,mm - 7\,cm\,6\,mm = 8\,cm\,2\,mm$$

$$3\,m\,50\,cm - 1\,m\,20\,cm = 2\,m\,30\,cm$$

1 つぎの　けいさんを　しましょう。　〔1もん　13てん〕

① 13cm7mm − 8cm4mm

② 18cm6mm − 5cm

③ 14cm9mm − 6cm7mm

2 つぎの　けいさんを　しましょう。　〔1もん　13てん〕

① 2m60cm − 1m10cm

② 3m40cm − 2m

③ 4m80cm − 2m50cm

④ 2m90cm − 1m90cm

3 ながさ　18cm5mmの　ひもが　あります。9cm　つかいました。のこりの　ながさは　なんcmなんmmですか。　〔9てん〕

しき

こたえ（　　　　　　　　）

60 ◆ながさの ひきざん
たんいが くり下がる

れい

$10\,\text{cm} - 8\,\text{cm}\,5\,\text{mm} = 1\,\text{cm}\,5\,\text{mm}$

$3\,\text{m}\,20\,\text{cm} - 1\,\text{m}\,40\,\text{cm} = 1\,\text{m}\,80\,\text{cm}$

1cm＝10mm,
1m＝100cm
だね。

---

1 つぎの けいさんを しましょう。 〔1もん 13てん〕

① 9cm － 4cm6mm

② 6cm2mm － 4mm

③ 12cm － 9cm6mm

2 つぎの けいさんを しましょう。 〔1もん 13てん〕

① 3m20cm － 1m90cm

② 2m30cm － 70cm

③ 3m － 1m80cm

④ 5m40cm － 2m50cm

3 ながさ 5mの ロープが あります。なわとびに つかう
ロープと して 3m20cmを きりとりました。のこりは
なんmなんcmに なりましたか。 〔9てん〕

しき

こたえ（   ）

61 おなじ たんい

れい

$2\,dL + 3\,dL = 5\,dL$
$3\,L + 5\,L = 8\,L$

あわせて　5dL

2dL＋3dL

1 つぎの けいさんを しましょう。　〔1もん 8てん〕

① 3dL＋4dL ② 6dL＋2dL

③ 4dL＋1dL ④ 2dL＋7dL

⑤ 2dL＋6dL ⑥ 5dL＋4dL

2 つぎの けいさんを しましょう。　〔1もん 8てん〕

① 2L＋7L ② 3L＋2L

③ 8L＋1L ④ 5L＋3L

⑤ 1L＋6L ⑥ 4L＋2L

3 水が 1つの 入れものに 4dL, もう 1つの 入れものに 2dL 入って います。あわせて なんdLに なりますか。

しき

〔4てん〕

こたえ（　　　　　）

62 ◆かさの たしざん
たんいの くり上がりなし

とくてん

てん

れい

$1L3dL+1L2dL=2L5dL$

$1L2dL+3dL=1L5dL$

$2L5dL+1L=3L5dL$

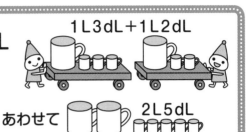

1L3dL+1L2dL

あわせて　　　2L5dL

---

1 つぎの けいさんを しましょう。　〔1もん 12てん〕

① $2L3dL+3L5dL$

② $3L4dL+1L2dL$

③ $1L4dL+2dL$

④ $3L+2L3dL$

⑤ $3L2dL+6dL$

⑥ $1L9dL+4L$

⑦ $2L4dL+2L5dL$

⑧ $1L2dL+2L4dL$

---

2 水が 水そうに 3L5dL, バケツに 2L3dL 入って います。水は あわせて なんL なんdL ありますか。 〔4てん〕

しき

こたえ （　　　　　　　　）

◆かさの けいさん◆ **83**

◆かさの　たしざん

たんいが　くり上がる

れい

4dL＋8dL＝1L2dL

1L6dL＋7dL＝2L3dL

1L7dL＋1L5dL＝3L2dL

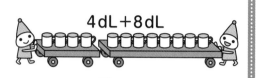

あわせて　1L2dL

1 つぎの　けいさんを　しましょう。 〔1もん　13てん〕

① 7dL＋6dL

② 1L3dL＋9dL

③ 1L6dL＋1L5dL

④ 1L4dL＋2L8dL

⑤ 5dL＋1L5dL

⑥ 3L7dL＋1L9dL

⑦ 1L9dL＋5dL

2 しょうゆが，1本の　びんに　1L4dL，もう　1本の　び
んに　9dL　入って　います。しょうゆは　あわせて　な
んLなんdL　ありますか。

〔9てん〕

しき

こたえ（　　　　　　　）

おなじ たんい

れい

$5\,dL - 3\,dL = 2\,dL$

$3\,L - 2\,L = 1\,L$

5dL－3dL

のこりは  2dL

---

1 つぎの けいさんを しましょう。　　〔1もん 8てん〕

① 6dL－2dL　　② 7dL－5dL

③ 4dL－3dL　　④ 9dL－6dL

⑤ 8dL－3dL　　⑥ 6dL－4dL

---

2 つぎの けいさんを しましょう。　　〔1もん 8てん〕

① 5L－2L　　② 8L－4L

③ 6L－3L　　④ 4L－2L

⑤ 7L－1L　　⑥ 9L－5L

---

3 水が，1つの 入れものに 8dL，もう 1つの 入れもの
に 6dL 入って います。ちがいは なんdLですか。〔4てん〕

[しき]

[こたえ] (　　　　　　)

◆かさの　ひきざん

たんいの　くり下がりなし

れい

2L5dL−1L3dL＝1L2dL
1L5dL−2dL＝1L3dL
3L5dL−2L＝1L5dL

1L5dL−2dL

のこりは

1L3dL

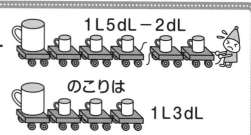

1 つぎの　けいさんを　しましょう。　　〔1もん　12てん〕

① 2L7dL−1L5dL

② 5L4dL−2L3dL

③ 1L8dL−2dL

④ 2L5dL−1L

⑤ 3L7dL−7dL

⑥ 4L9dL−3L3dL

⑦ 3L8dL−1L2dL

⑧ 4L5dL−4L

2 ジュースが　びんに　1L8dL　入って　います。このうち
4dL　のみました。のこりは　なんLなんdLですか。　〔4てん〕

しき

こたえ（　　　　　　　　）

たんいが くり下がる

とくてん

てん

れい

$2L - 6dL = 1L4dL$

$1L4dL - 6dL = 8dL$

$3L3dL - 1L8dL = 1L5dL$

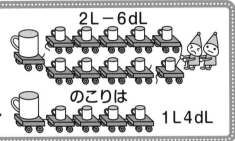

2L − 6dL

のこりは

1L4dL

1 つぎの けいさんを しましょう。　　〔1もん 12てん〕

① 1L5dL − 9dL

② 3L6dL − 1L7dL

③ 1L − 2dL

④ 2L4dL − 1L8dL

⑤ 2L6dL − 7dL

⑥ 3L1dL − 2L4dL

⑦ 1L3dL − 5dL

⑧ 4L − 8dL

2 しょうゆが びんに 1L2dL あります。りょうりに
6dL つかいました。のこりは なんdLですか。　　〔4てん〕

しき

こたえ （　　　　　　　　）

67 まとめの れんしゅう

とくてん

てん

1 つぎの けいさんを しましょう。　〔1もん　4てん〕

① 9 cm＋5 cm 4 mm

② 14 cm－6 cm

③ 16 cm 2 mm－10 cm

④ 1 m 60 cm＋2 m 30 cm

⑤ 3 m 40 cm－1 m 10 cm

⑥ 12 cm 8 mm＋5 mm

⑦ 2 m 80 cm＋1 m 60 cm

⑧ 10 cm 6 mm－3 cm 8 mm

⑨ 1 m 20 cm－50 cm

⑩ 3 m 10 cm－1 m 40 cm

⑪ 55 cm＋80 cm

2 1本の テープを 2 m 80 cmと 2 m 70 cmに きりました。
もとの テープの ながさは なんmなんcm ありましたか。

〔6てん〕

しき

こたえ（　　　　　　　）

3 つぎの けいさんを しましょう。　〔1もん　4てん〕

① 2L4dL＋6dL

② 3L＋5L

③ 4L8dL－2L5dL

④ 1L6dL＋8dL

⑤ 1L2dL－4dL

⑥ 8dL＋7dL

⑦ 3L4dL－2L9dL

⑧ 1L－3dL

⑨ 8dL＋1L3dL

⑩ 1L9dL＋4dL

⑪ 4L5dL－3L5dL

4 タンクに とうゆが 5L2dL 入って います。そのうち 1L8dL つかいました。のこりは なんLなんdLですか。〔6てん〕

しき

こたえ （　　　　　　　）

68 2のだんの　九九

れい

$2×1=2$

$2×2=4$

$2×3=6$

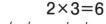
$2×3=6$

2　×　3　＝　6
にかけるさんはろく

1　つぎの　けいさんを　しましょう。　〔1もん　2てん〕

① $2 × 1$　　　② $2 × 2$

③ $2 × 3$　　　④ $2 × 4$

⑤ $2 × 5$　　　⑥ $2 × 6$

⑦ $2 × 7$　　　⑧ $2 × 8$

⑨ $2 × 9$　　　⑩ $2 × 1$

⑪ $2 × 3$　　　⑫ $2 × 5$

⑬ $2 × 7$　　　⑭ $2 × 9$

⑮ $2 × 2$　　　⑯ $2 × 4$

⑰ $2 × 6$　　　⑱ $2 × 8$

2 つぎの けいさんを しましょう。　〔1もん　3てん〕

① 2 × 4　　② 2 × 6

③ 2 × 3　　④ 2 × 9

⑤ 2 × 7　　⑥ 2 × 1

⑦ 2 × 2　　⑧ 2 × 8

⑨ 2 × 5　　⑩ 2 × 3

⑪ 2 × 6　　⑫ 2 × 7

⑬ 2 × 1　　⑭ 2 × 4

⑮ 2 × 9　　⑯ 2 × 2

⑰ 2 × 8　　⑱ 2 × 5

⑲ 2 × 6　　⑳ 2 × 9

3 あめを 1人に 2こずつ, 6人に くばります。あめは ぜんぶで なんこ あれば よいでしょうか。　〔4てん〕

しき

こたえ（　　　　　　　）

69 3のだんの 九九

れい

$$3×1=3$$
$$3×2=6$$
$$3×3=9$$

3×2=6

1 つぎの けいさんを しましょう。　〔1もん 2てん〕

① 3 × 1

② 3 × 2

③ 3 × 3

④ 3 × 4

⑤ 3 × 5

⑥ 3 × 6

⑦ 3 × 7

⑧ 3 × 8

⑨ 3 × 9

⑩ 3 × 1

⑪ 3 × 3

⑫ 3 × 5

⑬ 3 × 7

⑭ 3 × 9

⑮ 3 × 2

⑯ 3 × 4

⑰ 3 × 6

⑱ 3 × 8

2 つぎの けいさんを しましょう。　〔1もん　3てん〕

① 3 × 4　　② 3 × 9

③ 3 × 7　　④ 3 × 5

⑤ 3 × 1　　⑥ 3 × 8

⑦ 3 × 6　　⑧ 3 × 2

⑨ 3 × 3　　⑩ 3 × 7

⑪ 3 × 5　　⑫ 3 × 4

⑬ 3 × 9　　⑭ 3 × 1

⑮ 3 × 8　　⑯ 3 × 6

⑰ 3 × 2　　⑱ 3 × 3

⑲ 3 × 7　　⑳ 3 × 9

3 えんぴつを 1人(ひとり)に 3本ずつ, 7人に くばります。えんぴつは ぜんぶで なん本 あれば よいでしょうか。〔4てん〕

しき

こたえ（　　　　　　）

70 4のだんの 九九

れい

$4 \times 1 = 4$

$4 \times 2 = 8$

$4 \times 3 = 12$

$4 \times 3 = 12$

1 つぎの けいさんを しましょう。 〔1もん 2てん〕

① 4×1 ② 4×2

③ 4×3 ④ 4×4

⑤ 4×5 ⑥ 4×6

⑦ 4×7 ⑧ 4×8

⑨ 4×9 ⑩ 4×1

⑪ 4×3 ⑫ 4×5

⑬ 4×7 ⑭ 4×9

⑮ 4×2 ⑯ 4×4

⑰ 4×6 ⑱ 4×8

2 つぎの けいさんを しましょう。　　　　　〔1もん　3てん〕

① 4 × 3　　　　　② 4 × 7

③ 4 × 6　　　　　④ 4 × 4

⑤ 4 × 9　　　　　⑥ 4 × 1

⑦ 4 × 5　　　　　⑧ 4 × 8

⑨ 4 × 2　　　　　⑩ 4 × 6

⑪ 4 × 4　　　　　⑫ 4 × 5

⑬ 4 × 7　　　　　⑭ 4 × 3

⑮ 4 × 8　　　　　⑯ 4 × 9

⑰ 4 × 1　　　　　⑱ 4 × 2

⑲ 4 × 6　　　　　⑳ 4 × 7

3 4人ずつ すわれる こしかけが 9つ あります。ぜんぶ
で なん人 すわれますか。　　　　　　　　　　〔4てん〕

しき

こたえ（　　　　　　　　　）

5のだんの　九九

とくてん

てん

れい

5×1＝5
5×2＝10
5×3＝15

5×2＝10

1　つぎの　けいさんを　しましょう。　　〔1もん　2てん〕

① 5 × 1

② 5 × 2

③ 5 × 3

④ 5 × 4

⑤ 5 × 5

⑥ 5 × 6

⑦ 5 × 7

⑧ 5 × 8

⑨ 5 × 9

⑩ 5 × 1

⑪ 5 × 3

⑫ 5 × 5

⑬ 5 × 7

⑭ 5 × 9

⑮ 5 × 2

⑯ 5 × 4

⑰ 5 × 6

⑱ 5 × 8

2 つぎの けいさんを しましょう。 〔1もん 3てん〕

① 5 × 6 　　② 5 × 2

③ 5 × 9 　　④ 5 × 5

⑤ 5 × 3 　　⑥ 5 × 1

⑦ 5 × 8 　　⑧ 5 × 4

⑨ 5 × 7 　　⑩ 5 × 9

⑪ 5 × 1 　　⑫ 5 × 6

⑬ 5 × 5 　　⑭ 5 × 8

⑮ 5 × 2 　　⑯ 5 × 3

⑰ 5 × 4 　　⑱ 5 × 7

⑲ 5 × 6 　　⑳ 5 × 5

3 しょうゆが 5dL ずつ 入った びんが 4本 あります。
しょうゆは ぜんぶで なんdL ありますか。 〔4てん〕

しき

こたえ（　　　　　　　）

72 まとめの れんしゅう①

1 つぎの けいさんを しましょう。　〔1もん　2てん〕

① 2 × 5　　　② 2 × 3

③ 2 × 8　　　④ 2 × 6

⑤ 2 × 4　　　⑥ 2 × 9

2 つぎの けいさんを しましょう。　〔1もん　2てん〕

① 3 × 4　　　② 3 × 9

③ 3 × 6　　　④ 3 × 2

⑤ 3 × 5　　　⑥ 3 × 7

3 つぎの けいさんを しましょう。　〔1もん　2てん〕

① 4 × 2　　　② 4 × 7

③ 4 × 4　　　④ 4 × 6

⑤ 4 × 9　　　⑥ 4 × 5

4 つぎの けいさんを しましょう。　〔1もん　2てん〕

① 5 × 4　　　② 5 × 8

③ 5 × 3　　　④ 5 × 5

⑤ 5 × 7　　　⑥ 5 × 2

5 つぎの けいさんを しましょう。　　　　　〔1もん　2てん〕

① 4 × 5　　　　② 2 × 7

③ 3 × 7　　　　④ 5 × 5

⑤ 5 × 6　　　　⑥ 4 × 8

⑦ 2 × 6　　　　⑧ 5 × 9

⑨ 3 × 3　　　　⑩ 4 × 1

⑪ 2 × 2　　　　⑫ 3 × 6

⑬ 5 × 8　　　　⑭ 3 × 1

⑮ 4 × 4　　　　⑯ 2 × 9

⑰ 5 × 1　　　　⑱ 3 × 5

⑲ 2 × 4　　　　⑳ 4 × 6

㉑ 3 × 9　　　　㉒ 5 × 4

6 5cmの テープを 7本 つくります。テープは ぜんぶ
で なんcm あれば よいでしょうか。　　　　〔8てん〕

しき

こたえ（　　　　　　　）

◆かけざん

6のだんの　九九

れい

6×1=6
6×2=12
6×3=18

 6×2=12

1　つぎの　けいさんを　しましょう。　　〔1もん　2てん〕

① 6 × 1

② 6 × 2

③ 6 × 3

④ 6 × 4

⑤ 6 × 5

⑥ 6 × 6

⑦ 6 × 7

⑧ 6 × 8

⑨ 6 × 9

⑩ 6 × 1

⑪ 6 × 3

⑫ 6 × 5

⑬ 6 × 7

⑭ 6 × 9

⑮ 6 × 2

⑯ 6 × 4

⑰ 6 × 6

⑱ 6 × 8

2 つぎの けいさんを しましょう。　　　　〔1もん　3てん〕

① 6 × 3　　　　　② 6 × 5

③ 6 × 9　　　　　④ 6 × 4

⑤ 6 × 1　　　　　⑥ 6 × 7

⑦ 6 × 6　　　　　⑧ 6 × 2

⑨ 6 × 8　　　　　⑩ 6 × 9

⑪ 6 × 5　　　　　⑫ 6 × 1

⑬ 6 × 7　　　　　⑭ 6 × 6

⑮ 6 × 4　　　　　⑯ 6 × 8

⑰ 6 × 2　　　　　⑱ 6 × 3

⑲ 6 × 8　　　　　⑳ 6 × 7

3 せっけんが　1はこに　6こずつ　入った　はこが，4はこ
あります。せっけんは　ぜんぶで　なんこ　ありますか。〔4てん〕

[しき]

[こたえ] (　　　　　　　　)

◆かけざん

7のだんの　九九

とくてん

てん

れい

7×1＝7
7×2＝14
7×3＝21

7×2＝14

1 つぎの　けいさんを　しましょう。　　〔1もん　2てん〕

① 7 × 1 　　　　② 7 × 2

③ 7 × 3 　　　　④ 7 × 4

⑤ 7 × 5 　　　　⑥ 7 × 6

⑦ 7 × 7 　　　　⑧ 7 × 8

⑨ 7 × 9 　　　　⑩ 7 × 1

⑪ 7 × 3 　　　　⑫ 7 × 5

⑬ 7 × 7 　　　　⑭ 7 × 9

⑮ 7 × 2 　　　　⑯ 7 × 4

⑰ 7 × 6 　　　　⑱ 7 × 8

2 つぎの けいさんを しましょう。　　〔1もん　3てん〕

① 7 × 4　　　　② 7 × 6

③ 7 × 9　　　　④ 7 × 1

⑤ 7 × 5　　　　⑥ 7 × 3

⑦ 7 × 2　　　　⑧ 7 × 7

⑨ 7 × 8　　　　⑩ 7 × 5

⑪ 7 × 3　　　　⑫ 7 × 9

⑬ 7 × 6　　　　⑭ 7 × 4

⑮ 7 × 7　　　　⑯ 7 × 2

⑰ 7 × 1　　　　⑱ 7 × 8

⑲ 7 × 9　　　　⑳ 7 × 6

3 1しゅうかんは 7日です。4しゅうかんは なん日に な
りますか。　　　　　　　　　　　　　　　　〔4てん〕

しき

こたえ (　　　　　　　)

◆かけざん

75 8のだんの　九九

とくてん

てん

れい

8×1＝8
8×2＝16
8×3＝24

8×2＝16

1　つぎの　けいさんを　しましょう。　　　〔1もん　2てん〕

① 8 × 1

② 8 × 2

③ 8 × 3

④ 8 × 4

⑤ 8 × 5

⑥ 8 × 6

⑦ 8 × 7

⑧ 8 × 8

⑨ 8 × 9

⑩ 8 × 1

⑪ 8 × 3

⑫ 8 × 5

⑬ 8 × 7

⑭ 8 × 9

⑮ 8 × 2

⑯ 8 × 4

⑰ 8 × 6

⑱ 8 × 8

2　つぎの　けいさんを　しましょう。　　〔1もん　3てん〕

① 8 × 3　　　② 8 × 6

③ 8 × 7　　　④ 8 × 4

⑤ 8 × 1　　　⑥ 8 × 9

⑦ 8 × 8　　　⑧ 8 × 2

⑨ 8 × 5　　　⑩ 8 × 7

⑪ 8 × 6　　　⑫ 8 × 8

⑬ 8 × 9　　　⑭ 8 × 1

⑮ 8 × 4　　　⑯ 8 × 7

⑰ 8 × 2　　　⑱ 8 × 3

⑲ 8 × 8　　　⑳ 8 × 5

3　おはじきを　1人に　8こずつ　くばります。子どもは　6人　います。おはじきは　ぜんぶで　なんこ　あれば　よいでしょうか。　　〔4てん〕

しき

こたえ（　　　　　　）

76 9のだんの 九九

れい

$9 \times 1 = 9$
$9 \times 2 = 18$
$9 \times 3 = 27$

$9 \times 2 = 18$

1 つぎの けいさんを しましょう。 〔1もん 2てん〕

① 9×1

② 9×2

③ 9×3

④ 9×4

⑤ 9×5

⑥ 9×6

⑦ 9×7

⑧ 9×8

⑨ 9×9

⑩ 9×1

⑪ 9×3

⑫ 9×5

⑬ 9×7

⑭ 9×9

⑮ 9×2

⑯ 9×4

⑰ 9×6

⑱ 9×8

2 つぎの けいさんを しましょう。 〔1もん 3てん〕

① 9 × 6

② 9 × 3

③ 9 × 1

④ 9 × 7

⑤ 9 × 4

⑥ 9 × 9

⑦ 9 × 8

⑧ 9 × 2

⑨ 9 × 5

⑩ 9 × 6

⑪ 9 × 9

⑫ 9 × 4

⑬ 9 × 3

⑭ 9 × 8

⑮ 9 × 7

⑯ 9 × 1

⑰ 9 × 2

⑱ 9 × 5

⑲ 9 × 8

⑳ 9 × 3

3 9人ずつ 1チームに なって やきゅうを します。チームを 5つ つくりました。やきゅうを する 人は ぜんぶで なん人 いますか。 〔4てん〕

しき

こたえ (   )

◆かけざん

1のだんの 九九

れい

1×1=1
1×2=2
1×3=3

1×3=3

1 つぎの けいさんを しましょう。 〔1もん 6てん〕

① 1×4 　　 ② 1×2

③ 1×7 　　 ④ 1×5

⑤ 1×3 　　 ⑥ 1×9

⑦ 1×6 　　 ⑧ 1×8

⑨ 1×1 　　 ⑩ 1×7

⑪ 1×5 　　 ⑫ 1×3

⑬ 1×8 　　 ⑭ 1×4

⑮ 1×9 　　 ⑯ 1×6

2 1はこに 1こずつ メロンを 入れます。8はこでは メロンは なんこに なりますか。〔4てん〕

しき

こたえ（ 　　　　　 ）

◆かけざん
かけざんの　きまり

れい

$$3×5=15$$
$$5×3=15$$
⇒
かけられるかず
↓
$$3×5=5×3$$
↑
かけるかず

かけざんでは，
かけられるかずと
かけるかずを
入れかえても
こたえは　おなじだよ。

1　つぎの　九九と　こたえが　おなじに　なる　九九を　下から　さがして，あ～けの　しるしを　（　）に　かきましょう。

〔1もん　20てん〕

①　3 × 4　　（　　）　　②　6 × 4　　（　　）

③　8 × 6　　（　　）　　④　9 × 2　　（　　）

⑤　4 × 5　　（　　）

あ　2 × 9	い　4 × 6	う　6 × 8
え　5 × 6	お　7 × 6	か　4 × 9
き　4 × 3	く　4 × 8	け　5 × 4

79 まとめの れんしゅう②

1 つぎの けいさんを しましょう。　　　〔1もん　2てん〕

① 6×4　　　　② 6×8

③ 6×2　　　　④ 6×5

⑤ 6×9　　　　⑥ 6×3

⑦ 7×6　　　　⑧ 7×9

⑨ 7×4　　　　⑩ 7×3

⑪ 7×2　　　　⑫ 7×5

2 つぎの けいさんを しましょう。　　　〔1もん　2てん〕

① 8×5　　　　② 8×2

③ 8×7　　　　④ 8×6

⑤ 8×3　　　　⑥ 8×4

⑦ 9×3　　　　⑧ 9×5

⑨ 9×9　　　　⑩ 9×8

⑪ 9×4　　　　⑫ 9×6

⑬ 1×7　　　　⑭ 1×4

3 つぎの けいさんを しましょう。　　　　〔1もん　2てん〕

① 6 × 7　　　　② 7 × 6

③ 9 × 5　　　　④ 1 × 6

⑤ 7 × 5　　　　⑥ 8 × 8

⑦ 9 × 4　　　　⑧ 9 × 9

⑨ 6 × 8　　　　⑩ 9 × 3

⑪ 7 × 3　　　　⑫ 8 × 4

⑬ 8 × 2　　　　⑭ 1 × 3

⑮ 7 × 7　　　　⑯ 7 × 9

⑰ 1 × 4　　　　⑱ 9 × 7

⑲ 6 × 2　　　　⑳ 8 × 6

4 1まい　9円の　がようしを　5まいと，40円の　のりを
かいました。ぜんぶで　なん円でしたか。　　　〔8てん〕

しき

こたえ (　　　　　　　)

80 1けた×10

れい

$3× 8 =24$　⎱ 3　ふえる
$3× 9 =27$　⎰
　　　　　　⎱ 3　ふえる
$3×10=30$　⎰

かけざんでは,
かけるかずが １ ふえると,
こたえは かけられるかずだけ
ふえるよ。

1 つぎの けいさんを しましょう。　〔1もん 2てん〕

① $1×10$　　　　　② $2×10$

③ $3×10$　　　　　④ $4×10$

⑤ $5×10$　　　　　⑥ $6×10$

⑦ $7×10$　　　　　⑧ $8×10$

⑨ $9×10$　　　　　⑩ $1×10$

⑪ $3×10$　　　　　⑫ $5×10$

⑬ $7×10$　　　　　⑭ $9×10$

⑮ $2×10$　　　　　⑯ $4×10$

⑰ $6×10$　　　　　⑱ $8×10$

2 つぎの けいさんを しましょう。 〔1もん 3てん〕

① 9×10

② 1×10

③ 2×10

④ 7×10

⑤ 6×10

⑥ 3×10

⑦ 8×10

⑧ 5×10

⑨ 3×10

⑩ 9×10

⑪ 5×10

⑫ 4×10

⑬ 8×10

⑭ 6×10

⑮ 1×10

⑯ 2×10

⑰ 7×10

⑱ 5×10

⑲ 3×10

⑳ 9×10

3 チョコレートが 1はこに 4こずつ 入った はこが 10 はこ あります。チョコレートは ぜんぶで なんこ ありますか。 〔4てん〕

しき

こたえ（   ）

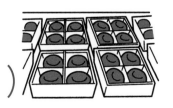

81 1けた×11，1けた×12

れい

$$2 \times 11 = 22$$

$2 \times 10 = 20 \qquad 2 \times 1 = 2$

$20 + 2 = 22$

---

1 つぎの けいさんを しましょう。 〔1もん 2てん〕

① 3×11 　　　② 7×11

③ 5×11 　　　④ 8×11

⑤ 4×11 　　　⑥ 1×11

⑦ 6×11 　　　⑧ 9×11

⑨ 2×11 　　　⑩ 4×11

2 つぎの けいさんを しましょう。 〔1もん 2てん〕

① 1×12 　　　② 4×12

③ 2×12 　　　④ 3×12

⑤ 4×12 　　　⑥ 1×12

3 つぎの けいさんを しましょう。　　　〔1もん　3てん〕

① 6×11　　　　② 5×11

③ 4×12　　　　④ 7×11

⑤ 2×11　　　　⑥ 8×11

⑦ 1×11　　　　⑧ 4×11

⑨ 6×11　　　　⑩ 3×12

⑪ 1×12　　　　⑫ 7×11

⑬ 3×11　　　　⑭ 5×11

⑮ 4×12　　　　⑯ 2×11

⑰ 8×11　　　　⑱ 4×11

⑲ 9×11　　　　⑳ 2×12

4 みかんを 1人に 5こずつ, 11人に くばります。みかん
は ぜんぶで なんこ あれば よいでしょうか。　〔8てん〕

しき

こたえ（　　　　　　　）

◆かけざん

10×1けた

れい

10×4＝40

かけられるかずと　かけるかずを
入れかえても　こたえは
おなじだね。
　　10×4＝4×10＝40

1　つぎの　けいさんを　しましょう。　〔1もん　2てん〕

①　10×1

②　10×2

③　10×3

④　10×4

⑤　10×5

⑥　10×6

⑦　10×7

⑧　10×8

⑨　10×9

⑩　10×1

⑪　10×3

⑫　10×5

⑬　10×7

⑭　10×9

⑮　10×2

⑯　10×4

⑰　10×6

⑱　10×8

2 つぎの けいさんを しましょう。　　　〔1もん　3てん〕

① 10×9　　　　　② 10×1

③ 10×2　　　　　④ 10×7

⑤ 10×6　　　　　⑥ 10×3

⑦ 10×8　　　　　⑧ 10×5

⑨ 10×3　　　　　⑩ 10×9

⑪ 10×5　　　　　⑫ 10×4

⑬ 10×8　　　　　⑭ 10×6

⑮ 10×1　　　　　⑯ 10×2

⑰ 10×7　　　　　⑱ 10×5

⑲ 10×3　　　　　⑳ 10×9

3 1はこに 10こずつ まんじゅうを 入れます。7はこでは
まんじゅうは なんこに なりますか。　　　　　〔4てん〕

(しき)

(こたえ) (　　　　　　　　)

83 11×1けた，12×1けた

れい

11× 2 ＝22　　2 ×11＝22
12× 1 ＝12　　1 ×12＝12

11×2と　2×11，
12×1と　1×12の
こたえは　それぞれ
おなじに　なるよ。

1 つぎの けいさんを しましょう。　　〔1もん　2てん〕

① 11×1　　　　　② 11×2

③ 11×3　　　　　④ 11×4

⑤ 11×5　　　　　⑥ 11×6

⑦ 11×7　　　　　⑧ 11×8

⑨ 11×9　　　　　⑩ 11×1

2 つぎの けいさんを しましょう。　　〔1もん　2てん〕

① 12×1　　　　　② 12×2

③ 12×3　　　　　④ 12×4

⑤ 12×1　　　　　⑥ 12×3

3 つぎの けいさんを しましょう。　　　　〔1もん　3てん〕

① 12×2　　　　② 11×3

③ 11×6　　　　④ 11×5

⑤ 11×7　　　　⑥ 12×1

⑦ 11×9　　　　⑧ 11×8

⑨ 12×3　　　　⑩ 11×4

⑪ 11×1　　　　⑫ 12×2

⑬ 11×5　　　　⑭ 11×8

⑮ 11×2　　　　⑯ 12×4

⑰ 12×1　　　　⑱ 11×1

⑲ 11×9　　　　⑳ 11×3

4 1チーム 11人で サッカーを します。3チームでは ぜんぶで なん人に なりますか。　　　　〔8てん〕

〔しき〕

〔こたえ〕（　　　　　　　）

84 まとめの れんしゅう③

1 つぎの けいさんを しましょう。　〔1もん　2てん〕

① 3×10　　　② 5×11

③ 6×10　　　④ 3×12

⑤ 2×11　　　⑥ 5×10

⑦ 7×10　　　⑧ 9×11

⑨ 2×12　　　⑩ 1×12

⑪ 4×11　　　⑫ 8×10

2 つぎの けいさんを しましょう。　〔1もん　2てん〕

① 12×1　　　② 11×4

③ 10×9　　　④ 11×7

⑤ 12×4　　　⑥ 10×3

⑦ 10×5　　　⑧ 11×8

⑨ 10×6　　　⑩ 10×2

⑪ 11×5　　　⑫ 10×7

③ つぎの けいさんを しましょう。　　〔1もん　2てん〕

① 11 × 2　　　　　② 10 × 7

③ 10 × 4　　　　　④ 6 × 10

⑤ 12 × 2　　　　　⑥ 11 × 5

⑦ 7 × 11　　　　　⑧ 9 × 10

⑨ 11 × 3　　　　　⑩ 10 × 8

⑪ 9 × 11　　　　　⑫ 3 × 11

⑬ 4 × 10　　　　　⑭ 2 × 12

⑮ 12 × 3　　　　　⑯ 11 × 9

⑰ 4 × 12　　　　　⑱ 2 × 10

⑲ 10 × 9　　　　　⑳ 6 × 11

④ えんぴつが 1はこに 12本ずつ 入った はこが 4はこ あります。えんぴつは ぜんぶで なん本 ありますか。

〔12てん〕

しき

こたえ （　　　　　　　　）

85 かけざんの　まとめ

とくてん

てん

1　つぎの　けいさんを　しましょう。　　〔1もん　2てん〕

① 3×6　　　　② 4×2

③ 2×8　　　　④ 2×3

⑤ 3×9　　　　⑥ 5×7

⑦ 5×2　　　　⑧ 4×5

2　つぎの　けいさんを　しましょう。　　〔1もん　2てん〕

① 9×2　　　　② 6×3

③ 7×5　　　　④ 8×6

⑤ 6×8　　　　⑥ 7×7

⑦ 1×7　　　　⑧ 9×5

3　つぎの　けいさんを　しましょう。　　〔1もん　2てん〕

① 4×11　　　　② 2×12

③ 6×10　　　　④ 10×5

⑤ 8×11　　　　⑥ 12×3

⑦ 11×7　　　　⑧ 9×10

4　つぎの　けいさんを　しましょう。　〔1もん　2てん〕

① 5 × 4　　　　② 4 × 7

③ 8 × 5　　　　④ 10 × 4

⑤ 3 × 3　　　　⑥ 7 × 9

⑦ 12 × 1　　　⑧ 9 × 4

⑨ 1 × 9　　　　⑩ 5 × 10

⑪ 5 × 8　　　　⑫ 8 × 3

⑬ 2 × 9　　　　⑭ 1 × 6

⑮ 7 × 4　　　　⑯ 2 × 7

⑰ 11 × 2　　　⑱ 9 × 8

⑲ 4 × 8　　　　⑳ 6 × 7

5　ゆうとさんは　おじさんから　6まい入りの　ガムを　4つ
もらいました。おとうとに　9まい　あげました。ガムは　な
んまい　のこって　いますか。　〔12てん〕

しき

こたえ （　　　　　　　　　）

2年の　まとめ①

1 つぎの　けいさんを　しましょう。　　〔1もん　3てん〕

①
```
  38
+ 41
```

②
```
  26
+  3
```

③
```
   4
+ 19
```

④
```
  72
- 45
```

⑤
```
  90
- 24
```

⑥
```
  64
-  9
```

⑦
```
  52
+ 27
```

⑧
```
  53
- 45
```

⑨
```
  43
+ 29
```

2 つぎの　けいさんを　しましょう。　　〔1もん　3てん〕

①
```
  95
+  8
```

②
```
  243
+  42
```

③
```
  367
-  39
```

④
```
  171
-  86
```

⑤
```
  438
-  12
```

⑥
```
  225
-   8
```

⑦
```
  104
-  17
```

⑧
```
  87
+ 46
```

⑨
```
  16
  28
+ 47
```

3 つぎの けいさんを あんざんで しましょう。〔1もん 3てん〕

① 68＋9   ② 50 ＋80

③ 52－7   ④ 140－90

4 つぎの けいさんを しましょう。   〔1もん 3てん〕

① 3m60cm＋1m80cm

② 2m－1m10cm

5 つぎの けいさんを しましょう。   〔1もん 3てん〕

① 4×8   ② 10×7

③ 9×3   ④ 2×5

⑤ 6×4   ⑥ 3×7

⑦ 5×9   ⑧ 8×8

6 花だんに 赤い 花が 17本，青い 花が 24本 さいて います。花は ぜんぶで なん本 さいて いますか。〔4てん〕

しき

こたえ （   ）

とくてん

てん

1 つぎの けいさんを しましょう。 〔1もん 3てん〕

①
```
  61
- 53
```

②
```
  25
+ 35
```

③
```
  82
- 40
```

④
```
  57
+ 30
```

⑤
```
  94
-  7
```

⑥
```
   6
+ 48
```

⑦
```
  56
- 18
```

⑧
```
  70
- 61
```

⑨
```
  43
+ 19
```

2 つぎの けいさんを しましょう。 〔1もん 3てん〕

①
```
  34
+ 81
```

②
```
  184
-  21
```

③
```
   9
+ 93
```

④
```
  130
-  67
```

⑤
```
  338
+   5
```

⑥
```
  846
-  16
```

⑦
```
  100
-  22
```

⑧
```
  136
-  46
```

⑨
```
  35
  54
+ 13
```

3 つぎの けいさんを あんざんで しましょう。〔1もん 3てん〕

① 1000 − 200

② 700 + 400

③ 860 − 60

④ 500 + 30

4 つぎの けいさんを しましょう。 〔1もん 3てん〕

① 1L7dL + 2L8dL

② 2L3dL − 1L4dL

5 つぎの けいさんを しましょう。 〔1もん 3てん〕

① 6 × 6

② 5 × 3

③ 2 × 9

④ 8 × 7

⑤ 7 × 4

⑥ 4 × 3

⑦ 1 × 6

⑧ 11 × 9

6 バスに 26人 のって いました。なん人か おりたので, 19人に なりました。おりた 人は なん人ですか。〔4てん〕

しき

こたえ （　　　　　　　　　）

127

基礎力をつけるには くもんの小学ドリル が 強いみかた!!

スモールステップで、
らくらく力がついていく!!

算数

計算シリーズ(全13巻)
① 1年生たしざん
② 1年生ひきざん
③ 2年生たし算
④ 2年生ひき算
⑤ 2年生かけ算
　(九九)
⑥ 3年生たし算・
　ひき算
⑦ 3年生かけ算
⑧ 3年生わり算
⑨ 4年生わり算
⑩ 4年生分数・小数
⑪ 5年生分数
⑫ 5年生小数
⑬ 6年生分数

数・量・図形シリーズ(学年別全6巻)

文章題シリーズ(学年別全6巻)

プログラミング
① 1・2年生　② 3・4年生　③ 5・6年生

学力チェックテスト
算数(学年別全6巻)
国語(学年別全6巻)
英語(5年生・6年生 全2巻)

国語

1年生ひらがな
1年生カタカナ
漢字シリーズ(学年別全6巻)
言葉と文のきまりシリーズ(学年別全6巻)
文章の読解シリーズ(学年別全6巻)
書き方(書写)シリーズ(全4巻)
① 1年生ひらがな・カタカナのかきかた
② 1年生かん字のかきかた
③ 2年生かん字の書き方
④ 3年生漢字の書き方

英語

3・4年生はじめてのアルファベット
ローマ字学習つき
3・4年生はじめてのあいさつと会話
5年生英語の文
6年生英語の文

くもんの算数集中学習　小学2年生 計算にぐーんと強くなる

2020年2月　第1版第1刷発行
2024年6月　第1版第12刷発行

●発行人　志村直人
●発行所　株式会社くもん出版
　〒141-8488 東京都品川区東五反田2-10-2
　　　　　東五反田スクエア11F
　電話　編集直通　03(6836)0317
　　　　営業直通　03(6836)0305
　　　　代表　　　03(6836)0301

●印刷・製本　　TOPPAN株式会社
●カバーデザイン　辻中浩一+小池万友美(ウフ)
●カバーイラスト　亀山鶴子

●本文イラスト　たなかあさこ・田中小百合
　　　　　　　　　　　　　　(オスズデザイン)
●本文デザイン　ワイワイ・デザインスタジオ
●編集協力　　　株式会社 アポロ企画

© 2020 KUMON PUBLISHING CO.,Ltd Printed in Japan
ISBN 978-4-7743-2976-5
落丁・乱丁はおとりかえいたします。
本書を無断で複写・複製・転載・翻訳することは、法律で認められた場合を除き禁じられています。
購入者以外の第三者による本書のいかなる電子複製も一切認められていませんのでご注意ください。
ＣＤ57298
くもん出版ホームページアドレス https://www.kumonshuppan.com/

※本書は『計算集中学習　小学2年生』を改題し、新しい内容を加えて編集しました。